FREAKY ORGANISM

怪诞生物

夏语 著

世界上疯狂离奇的生物趣闻

海南出版社
·海口·

图书在版编目（CIP）数据

怪诞生物 ： 世界上疯狂离奇的生物趣闻 / 夏语著 . 海口 ： 海南出版社， 2025. 4. -- ISBN 978-7-5730-2445-9

Ⅰ . Q1-49

中国国家版本馆 CIP 数据核字第 2025PP0621 号

怪诞生物：世界上疯狂离奇的生物趣闻

GUAIDAN SHENGWU : SHIJIE SHANG FENGKUANG LIQI DE SHENGWU QUWEN

作　　者：夏　语

责任编辑：李佳妮

封面设计：仙　境

印刷装订：运河（唐山）印务有限公司

策　　划：小　粽

版　　权：三得文化

出版发行：海南出版社

地　　址：海口市金盘开发区建设三横路 2 号

邮　　编：570216

电　　话：(0898) 66819831

版　　次：2025 年 4 月第 1 版

印　　次：2025 年 4 月第 1 次印刷

开　　本：880 mm×1 230 mm　　1/32

印　　张：9.5

字　　数：200 千字

书　　号：ISBN 978-7-5730-2445-9

定　　价：48.00 元

如发现印装质量问题，影响阅读，请致电 13701275261。（免费更换，邮寄到付）

目 录

第一章

我很丑但我不一定温柔——长相奇特的生物

第二章

见血封喉可不是说说而已——生物的独门酷炫绝技

第三章

天生怪咖——生物的另类习性

第四章

记忆、模仿不在话下——媲美人类的优秀大脑

第五章

人头蛇与美人鱼——活在传说故事里的动物

第六章

五只眼睛八条腿，祖宗全是怪模样——灭绝生物的狂欢

第七章

奇花异草，缤纷世界——植物也疯狂

第一章

我很丑
但我不一定温柔

——长相奇特的生物

1.生物的分类法则

人们在不同的历史时期都对生物进行过分类。从历史发展上看，分类方法有人为分类法和自然分类法两种，这两种方法也代表了分类工作发展的两个阶段。

○ 人为分类法

人为分类法主要是人类通过主观判断，通过对生物的某些形态、结构、功能、习性、生态、经济用途的认识，将生物进行分类。这种分类法并不会考虑生物亲缘关系的远近和演化发展的本质联系，因此所建立的分类体系大都属于人为分类体系，例如将生物分为陆生生物、水生生物等。

林奈：以生物能否运动为标准，将生物划分为动物界和植物界的两界系统。他还根据雄蕊的有无、数目，把植物界分为一雄蕊纲、二雄蕊纲等24个纲。

李时珍：《本草纲目》一书中将植物分为五部，即草部、谷部、菜部、果部和木部；将动物也分为五部，即虫部、鳞部、介部、禽部和兽部；人另属一部，即人部。

亚里士多德：根据血液的有无，把动物区分为有血液的动物和无血液的动物两大类。

❍ 自然分类法

生物分类是研究生物的一种基本方法，而自然分类法又称系统分类法，主要是根据生物的相似程度（包括形态结构和生理功能等），把生物划分为种和属等不同的等级，并对每一类群的形态结构和生理功能等特征进行科学的描述，以弄清不同类群之间的亲缘关系和进化关系。

生物的分类系统是阶元系统，通常分为动物、植物和微生物三大类，即动物界、植物界和微生物界。生物分类包括七个主要级别：界、门、纲、目、科、属、种。

种，即物种，是分类的基本单位，同种生物的亲缘关系最为密切。分类等级越高，所包含的生物共同点越少，分类等级越低，所包含的生物共同点越多。近缘的种归合为属，近缘的属归合为科。科隶于目，目隶于纲，纲隶于门，门隶于界。

植物：生命的主要形态之一，包含了如树木、灌木、藤类、青草、蕨类及绿藻、地衣等熟悉的生物。植物可以分为种子植物、藻类植物、苔藓植物、蕨类植物等，据估计现存大约有450 000个物种。

多种多样的生物共同组成了地球多样的生态环境。

动物：根据化石研究，地球上最早出现的动物源于海洋。早期的海洋动物经过漫长的地质时期，逐渐演化出各种分支，丰富了早期的地球生命形态。在人类出现以前，史前动物便已出现，并在各自的活动期得到繁荣发展。

微生物：包含细菌、病毒、真菌以及一些小型的原生生物、显微藻类等在内的一大类生物群体，它个体微小，与人类关系密切。它涵盖了有益跟有害的众多种类，广泛涉及食品、医药、工农业、环保、体育等诸多领域。

2. 生物如何命名

在地球上，每年都有许多新物种被发现，这些新物种包括了微生物、植物、动物等各种生物形式。科学界对于新物种的命名有一套严格的规则和约定，确保科学家们能够清晰、准确地交流和研究这些新生物。那么，究竟如何给新物种取名呢?

按国际命名法规，生物各级分类等级的学名要用拉丁字或拉丁化文字，也就是将物种以拉丁文或者拉丁化的形式，给生物分配一个由两个词组成的拉丁学名，即“二名法”。

第一个拉丁词为属名，即物种所属的属级分类单位。

第二个拉丁词由种的本名和其从属的属名组成，属名在前，种本名在后，用于标识某一特定的生物物种。

小·揭·秘

卡尔·林奈（Carl Linnaeus）与“二名法”

林奈被誉为现代生物学之父。为了更好地描述和分类生物，林奈创立了生物学的分类体系，并引入了拉丁学名，作为生物命名的基石。

❍ 一物一名原则

这是生物命名的基本原则，即每种生物在不同国家的不同研究领域里，都只能拥有唯一一个学名。

❍ 优先原则

即生物的有效学名是符合国际生物命名法所规定的最早正式刊出的名称。遇到同一生物有两个或更多名称。即构成异名，或不同生物共有一个名称即同名，应以优先原则选取最早正式发表的名称。

3. 是物竞天择，还是基因突变

从第一个生命诞生以来，地球经历了数亿年漫长的演化过程。据不完全统计，地球上目前人类已知并记载的生物约有200万种，不过这仅是地球上曾经存在过的生物物种中的一小部分。这些生物生活在世界的各个角落里，有着自己独特的生存本领，也有着与众不同的长相特征。那些看起来长相无比“怪异”的动物，到底是什么原因造成的呢？

○ 达尔文的进化论

跟大部分动物相比，长颈鹿最突出的特点就是有着长长的脖子。那么，长颈鹿这么“夸张”的脖子是怎么形成的呢？

其实在最开始，长颈鹿的脖子也没有现在这么长。我们知道，

达尔文是英国著名生物学家，进化论的奠基人，其著作《物种起源》奠定了进化论的理论基础，被誉为19世纪自然科学三大发现之一。

长颈鹿的主要食物来源是树叶。起初所有的长颈鹿都能吃到低矮处的树叶，但随着时间的流逝，低矮处的树叶都被吃完了，吃不到高处树叶的长颈鹿就会被饿死，从而淘汰。久而久之，为了能够吃到高处的树叶，长颈鹿的脖子便会逐渐伸长、进化，这样就可以吃到高处的嫩叶。

1895年，英国自然科学家达尔文在他的科学巨著《物种起源》一书中提出了“进化论”，指出一切物种都在由低级到高级、由简单到复杂的不断变化之中，生物是按“物竞天择、适者生存、优胜劣汰”的规则发展的。

在地球经历的生物大灭绝中，只有适应力强的生物才能存活下来。环境的改变会引起生物习性的改变，习性的改变则会使某些经常使用的器官得到发展，另一些器官不使用则退化。在环境影响下所发生的定向变异，即后天获得的性状，能够遗传。

如果环境朝一定的方向改变，微小的变异逐渐积累，生物便会逐渐进化——长颈鹿的脖子如此“另类”的秘密就在这里。

❍ 基因突变

生物的进化是一个漫长的过程。在过去近40亿年的时间里，地球上总共出现过数十亿种不同的生物。这些生物尽管看起来不尽相同，但都是由同一个远古祖先演化而来，有着共同及共通之处。简言之，遗传与进化都有规律可循。

然而万事总有意外。如果在短时间内，一个物种突然产生了巨大的变化——譬如猫长出了两个脑袋，这就是遗传过程中的基因突变了。

基因突变在自然界各物种中普遍存在。基因中储存着生命的种族、血型、孕育、生长、凋亡等过程的全部信息，一般情况下十分稳定，能在细胞分裂时精确地复制自己。但这种稳定性是相对的，如果在一定的条件下，基因也可以从原来的存在形式突然改变成另一种新的存在形式，这便是基因突变，于是这些物种便会表现出与同类物种完全不同的新性状。

在自然界中，我们总能见到各种各样因为基因突变而显得“格格不入”的生物：长着三只角的犀牛，全身洁白的黑乌鸦，长着两个脑袋和四条腿的蜥蜴……遗憾的是，有研究表明，这些发生基因变异的生物们的寿命普遍比同类要短。

小揭秘

为什么大象不会得癌症——皮托悖论

大象体重是人类的40倍，寿命与人类相近，其终生癌症发病率仅约为3%，死亡率也不到5%，而人类癌症死亡率可高达25%以上，小鼠死亡率甚至可达50%~90%。

长久以来，科学家普遍认为体型更大、寿命更长的动物更容易患癌。因为个体的细胞数量越多、存活时间越长，那么细胞癌变的几率会越大，也就越容易患癌。

然而皮托悖论的发现推翻了这一推测。

英国流行病学家理查德·皮托（Richard Peto）在20世纪70年代曾提出，尽管老鼠的细胞比人类少约1000倍，寿命比人类短30倍，但它们的致癌风险与人类相比并没有明显不同。他推测，生物体内可能存在一种机制，可以保护细胞在老化和扩张时免受癌症的侵害。

2022年4月13日，英国的研究人员在《Nature》上发表了一篇论文，这项研究对16种不同哺乳动物的全基因组进行了测序。结果证实，物种的寿命越长，基因突变发生的速度就越慢。换句话说，尽管在寿命和体型上存在巨大差异，但不同的生物物种往往因为相似数量的基因突变，从而迎来生命的终结。

4. 千奇百怪，可可爱爱：长相“炸裂”的动物们

地球上生活着各种各样的动物，不同的环境条件让动物们具有了不同的外形和习性。它们长相各异，有的夸张奇特，有的萌趣可爱，有的外形跟性格有巨大的反差，有些是我们日常生活中难以见到的，有些是我们连想都不敢想象的。不过，它们都是真实存在的生命。

根据现有的科学研究数据，地球上已知的动物种类大约有150万种。不过，这个数字是根据目前的科学研究得出的，实际地球上还存在许多未被发现或描述的动物种类。

❍ 动物的分类方法

动物的分类方式有多种，科学家们通常会根据动物的解剖形态、生理特征、遗传关系等对动物进行分组，包括门、纲、目、科、属和种等级别。

解剖形态：根据动物的解剖结构和形态特征，将其分为不同的类群。例如脊椎动物和无脊椎动物就是根据是否具有脊柱来进行划分的。

生理特征：动物的生理特征（如呼吸方式、生殖方式等）也是分类的依据之一。例如，哺乳动物和鸟类就是基于其哺乳和卵生的生殖方式进行划分的。

遗传关系：通过研究动物的基因组序列和遗传关系，可以确定它们的亲缘关系和进化历史，从而进行分类。现代生物学中使用的系统发育学就是基于遗传关系来进行分类的。

类别	释义	举例
界（Animalia）	包含所有多细胞动物，具有真核细胞和多细胞结构。	动物分类的最高级别。
门（Phylum）	界下的分类级别，根据动物的主要特征进行划分。	脊索动物门、节肢动物门、软体动物门等。

续 表

类别	释义	举例
纲（Class）	门下的分类级别，根据动物的解剖和生理特征来进行划分。	鸟纲、哺乳纲、昆虫纲等。
目（Order）	纲下的分类级别，表示具有相似特征的一类动物。	鳄鱼目、鲨目、啮齿目等。
科（Family）	目下的分类级别，表示具有相近特征的一类动物。	猫科、犬科、猪科等。
属（Genus）	科下的分类级别，表示相互关联的一类动物。	狮属、虎属、狗属等。
种（Species）	属下的最低分类级别，表示同一属中具有共同特征且能够自然繁殖的一类动物。	同一属下的两个不同种类，如孟加拉虎和西伯利亚虎。

○ 脊椎动物

在生物学中，人们常常将动物分为脊椎动物和无脊椎动物两大类。

脊椎动物一般体形左右对称，全身分为头、躯干、尾三个部分，躯干又被横膈膜分成胸部和腹部，有比较完善的感觉器官、运动器官和高度分化的神经系统，包括鱼类、两栖动物、爬行动物、鸟类和哺乳动物等五大类。

以下介绍几种长相比较“炸裂”的动物。

七鳃鳗：一种无颌鱼，圆盘大口中布满利齿，嘴巴呈漏斗状，身体为蛇形，原产于地中海和北大西洋。

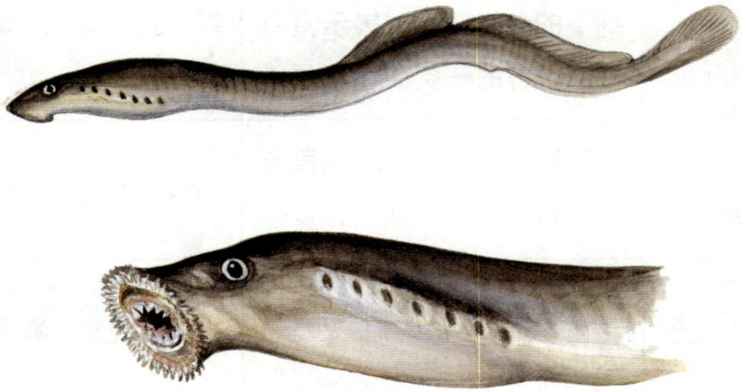

七鳃鳗的嘴中长满了利齿，长相恐怖。

红唇蝙蝠鱼：这种鱼的嘴唇上就像是涂了一层厚厚的红色唇膏，这种特性是为了吸引并诱捕猎物，也能获得异性的青睐。

哈比鹰：哈比鹰，又称角雕，是世界上最大的飞禽之一，也是世界上最凶猛的飞行动物之一。哈比鹰体长可达1米多，翼展2米多，但重量较轻，一般不超过10公斤。

霍加狓：霍加狓一般又称非洲鹿，是哺乳类偶蹄目长颈鹿科，非洲珍稀动物。它有和鹿一样的脖子，后臀和腿上长着像斑马一样的条纹。令人惊讶的是，它最近的亲戚是长颈鹿。

水滴鱼：它长着一张“姥姥不疼、舅舅不爱”的脸，全身瘫软，如

"行走的烂泥"，这种鱼生活在大约600米至1200米的海底深处。

长耳垂伞鸟：一种分布在哥伦比亚西部及厄瓜多尔的伞鸟。这种鸟类浑身炭黑，颈部长着膨胀的肉垂，上面覆盖着浓密的羽毛。它们受到栖息地减少的影响，加上体型庞大而容易被猎杀，现被列为易危物种。

高鼻羚羊：高鼻羚羊是体型中等的牛科有蹄哺乳动物，因其鼻脊中部隆起膨大、向下弯曲而得名。曾广泛分布于波兰到蒙古国西部的地区，栖息在西伯利亚一带没有树木的大草原上。由于遭受大量的捕杀，数量急剧减少，在欧洲东部已不复存在。

跗猴：又叫菲律宾眼镜猴，是世界上最小的灵长类动物之一，生活在婆罗洲、苏门答腊以及菲律宾等亚洲热带森林中。它们大且前凸的眼睛直径可达16毫米，这相当于人类长着西柚大小的眼睛，眼睛只能直视而不能转动，有出色的夜视能力。

蝰蛇角鲨：卡氏尖颌乌鲨，又叫蝰蛇角鲨，主要生活在海底200米以下。它全身乌黑，长相奇特，有一张会伸出来的大嘴，奇丑无比。

蓝脚鲣鸟：它是唯一一种蓝色脚掌的水鸟，脚的颜色越深越容易获得异性的青睐，入水捕鱼速度可达97千米每小时。

蓝脚鲣鸟长着极具特色的脚蓝色掌，属于濒危鸟类，在中国被列为国家二级保护动物。

○ 无脊椎动物

无脊椎动物是动物的原始形态，其种类数占动物总种类数的95%，包括原生动物、腔肠动物、扁形动物、线形动物、软体动物、环节动物、节肢动物等多种类型。

以下介绍几种比较有意思的无脊椎动物。

日本蜘蛛蟹：它是现存最大的甲壳动物，呈深橙色，有十长肢，上有白斑，前两肢发展成螯。最大的样本腿展开后长4.2米，宽38厘米，重20千克。

委内瑞拉贵宾犬蛾：这是一种鳞翅目类生物，也就是飞蛾。但是它和我们日常所见的飞蛾不太一样，它身体各处基本上都遍布绒毛，使得它整体都显得和贵宾犬一样蓬松柔软。

海笔：因外形如羽毛笔而得名。它

日本蜘蛛蟹，又叫巨螯蟹，体形巨大，酷似蜘蛛，在水底以腐肉为食。

海笔由水螅虫群居而形成，外表像是一片羽毛。

们的下半部分固定在泥沙中，上半部分则生有许多水螅虫，水螅虫用触手抓取海水中漂浮着的小生物为食。有些海笔高达1.5米以上，但多数较矮，约为40厘米。

大西洋海神海蛞蝓：海洋软体动物，体内有气囊。体长3~8厘米。体型扁平，末端尖细，头部圆钝，口腔周围有触须，齿舌具有锯齿状齿片，体侧有一对极小的嗅角，背侧银灰色，腹侧蓝色。

伊氏真蚓：又名艾氏闭管螈、阴茎蛇，是属蚓螈目真蚓科的一个物种。它是一种稀有的两栖动物，除了没有肺和通过皮肤呼吸外，人类对它知之甚少。

角蝉：又叫刺虫，长相奇特，头顶着长长的触角，看起来好像外星物种一样。

山核桃角鬼子：北美洲土星蛾科的一种蛾，成虫的翼展为9.5~15.5厘米，广泛存在于美国的落叶林中，色彩艳丽。在幼虫阶段，它们被称为“山核桃角恶魔”，这种可怕的毛毛虫在它的生命后期变成了一只令人惊讶的美丽飞蛾。

5. 深海之下，谁也别嫌谁丑

地球表面的71%都被海洋覆盖。在深不见底的海洋之中，阳光不见踪影，一般的鱼类都难以生存。海洋深处大部分区域对于我们来说都是未知的领域，蕴含着无穷的奥秘，对于生命来说也是一个极其苛刻的环境，阳光、温度、压力等生存条件都非常极端。

然而，深海生物却成功地进化出了各种奇妙特性，它们能够适应这里，很好地生存下去。也是因为这样的生存环境，这里的海洋生物肆意生长，个个奇形怪状，刷新了人们的审美水平。

- **皱鳃鲨**

这种怪异的鲨鱼通常被称为“活化石”，因为它看起来很原始。它潜伏在大西洋和太平洋深处120至1580米之间的深度，很少被人类观察到。

小揭秘

皱鳃鲨的领骨排列着25排朝后的三叉形牙齿，总共有300颗锋利的牙齿。

- **深海水母**

这是一种生活在深海环境中的无脊椎动物，体型有大有小。它们的身体构造非常简单，但是具有很强的适应能力。深海水母的身体非常柔软，可以随着水流自由移动。此外，它们的触手上有很多刺，可以帮助它们捕捉猎物。有些深海水母还可以发光，用于吸引猎物或与同伴进行通信。

小揭秘

冥河水母是深海中的大型水母，极为罕见，百年来人类也就发现过它一百多次。

- **大西洋狼鱼**

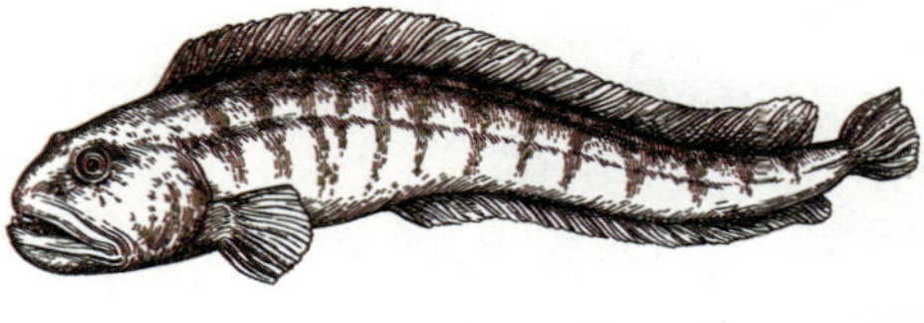

大西洋狼鱼是一种栖息在海底的大型掠食鱼类，外表呈灰色，属于鲇鱼的一种。

它的下颚上有四到六颗尖牙状的牙齿，后面还有三排破碎的牙齿。如果这还不足以让你感到惊讶，那么狼鱼的喉咙上也散布着锯齿状的牙齿。令人毛骨悚然的是，狼鱼长着长长的鳗鱼状身体，其长度可达1.5米以上。

- **尖牙鱼**

这种生物通常在海平面500~2000米活动，但它的老家却在海平面5000米以下，那里的压力是陆地压力的500倍。让人毛骨悚然的是，这种鱼拥有海洋物种中最大的牙齿。尖牙在它们的口腔上留下了“插槽”，否则它们甚至无法完全合嘴。

尖牙鱼生活在热带和温带海洋的深处，尖利的牙齿是它的特点之一。可怕的外表使它得到了“食人魔鱼”的称号。

- **蝰鱼**

这种深海居民是顶极掠食者，又叫毒蛇鱼。蝰鱼会利用位于其背脊上的发光体引诱猎物，然后用它长长的针状尖牙捕捉它们。

蝰鱼生活在1500米以下的深海，是海洋深处的凶猛捕食者之一。

• 巨型等足类动物

巨型等足类动物是电影中长相最令人害怕的甲壳类动物之一。它们有七双腿，通常吃腐烂的动物，但它们也会使用四组下颚捕食活的猎物。它们最大的物种平均长度在19~36厘米之间，但也有人目击到76厘米长的等足类动物。

巨型等足类动物包含巨型木虱、缩头鱼虱、鼠妇等，身体有多对脚。

- **观星鱼**

与其他海洋生物相比，这种生物看起来相对温顺。但不要被它的外表所迷惑，它们通常喜欢在海沙中伪装自己，然后用巨大的嘴巴将毫无防备的猎物吞入嘴中。为了完成这项工作，这条狡猾的鱼会将两根毒刺刺入对方身体，确保猎物无法反抗。某些观星鱼甚至可以通过位于其眼睛后面的特殊器官电击猎物。

- **海蜘蛛**

据统计，有超过1300种海蜘蛛潜伏在浅滩和深达7000米的水域中。它们的腿展范围可以从极小的1毫米到超过25厘米，而且长鼻也可以吸食猎物。

6.微观世界下

微生物群体，是指包括细菌、病毒、真菌以及一些很小的原生生物、显微藻类等在内的一大类生物群体。它们形态各异、作用各异，且与我们人类息息相关。这些生物我们基本上是不可能用肉眼看到的，必须要借助显微镜等特殊工具才行，所以我们一般也不会感觉到它们细微的存在，实际它们却无处不在。它们长得千奇百怪，有的憨态可掬，有的可爱逗趣，还有的却让人毛骨悚然。

• 螨虫

螨虫是蜱螨目节肢动物，又名菌虱。成虫体近圆形或椭圆形，背面隆起，乳白或浅黄色；螯肢如钳状，尖端有小齿；须肢分三节；足短粗，呈圆锥形。螨虫广泛分布于居室的阴暗角落、地毯、床垫、枕头、沙发、空调、凉席等处，喜欢潮湿、高温的环境。

- 水熊虫

水熊虫为微型节肢状动物，是缓步动物门生物，分布于世界各地，遍及北极、赤道、深海、温泉，亦可在真空中生存。它们栖息于淡水沉渣、潮湿土壤以及苔藓植物的水膜中，少数种类生活在海水的潮间带。

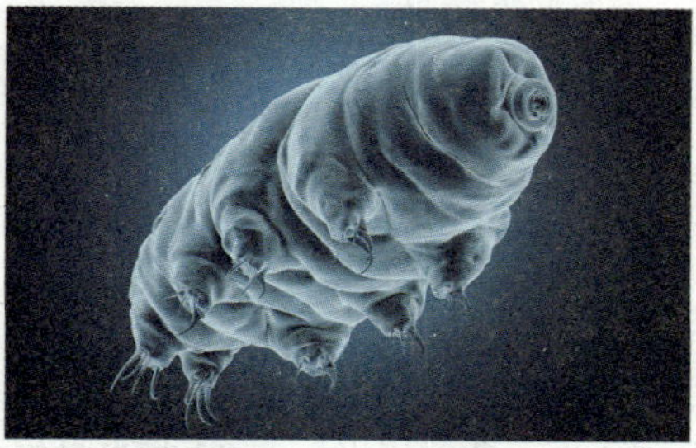
水熊虫能在干旱、高温、极寒、高压、辐射、缺氧等极端条件下生存，是世界上生命力最强的生物之一。

水熊虫的主要食物为含类胡萝卜素的食物，具有隐生习性，生命力无比顽强，没有天敌，无论是冰冻、干燥、饥饿、缺氧，都可生存。

小揭秘

作为世界上生命力最强的生物之一，水熊虫的历史可以追溯到5亿年前的寒武纪。据美国《国家地理》杂志报道，在6600万年前，一颗小行星撞击地球，导致了75%的物种遭到灭绝，但是水熊虫却在火山口和海底活了下来。水熊虫中含有一种特殊的蛋白质，能保护水熊虫不受辐射伤害，这种特殊蛋白质可能是在脱水的情况下进化而来的保护机制。

• 硅藻

硅藻是一种能够进行光合作用的单细胞原生生物，物种数量超过10万。最早的硅藻出现在2亿年前的侏罗纪时期。单个硅藻只能用显微镜观察，但它们的数量惊人，而且遍布全球，因此NASA曾经拍到过它们在海洋中的群像照片。

小揭秘

硅藻的颜值惊人，常被硅藻猎人称为“海中珍宝”或者“活着的澳宝宝石”。因为硅藻细胞壁主要是由蛋白石（或者说澳宝宝石）以及一些果胶构成，而澳宝的主要成分是二氧化硅，这也是硅藻名字的来源。

• 细菌

细菌并不是单个生物的名字，而是一种生物类别的总称。细菌也是所有生物中数量最多的一类，形状相当多样，主要有球状、杆状以及螺旋状。

细菌对人类活动有很大的影响。细菌还是许多疾病的病原体，可以通过各种方式，如接触感染、消化或呼吸道感染、昆虫叮咬等，在正常人体间传播疾病，具有较强的传染性，对社会危害极大。

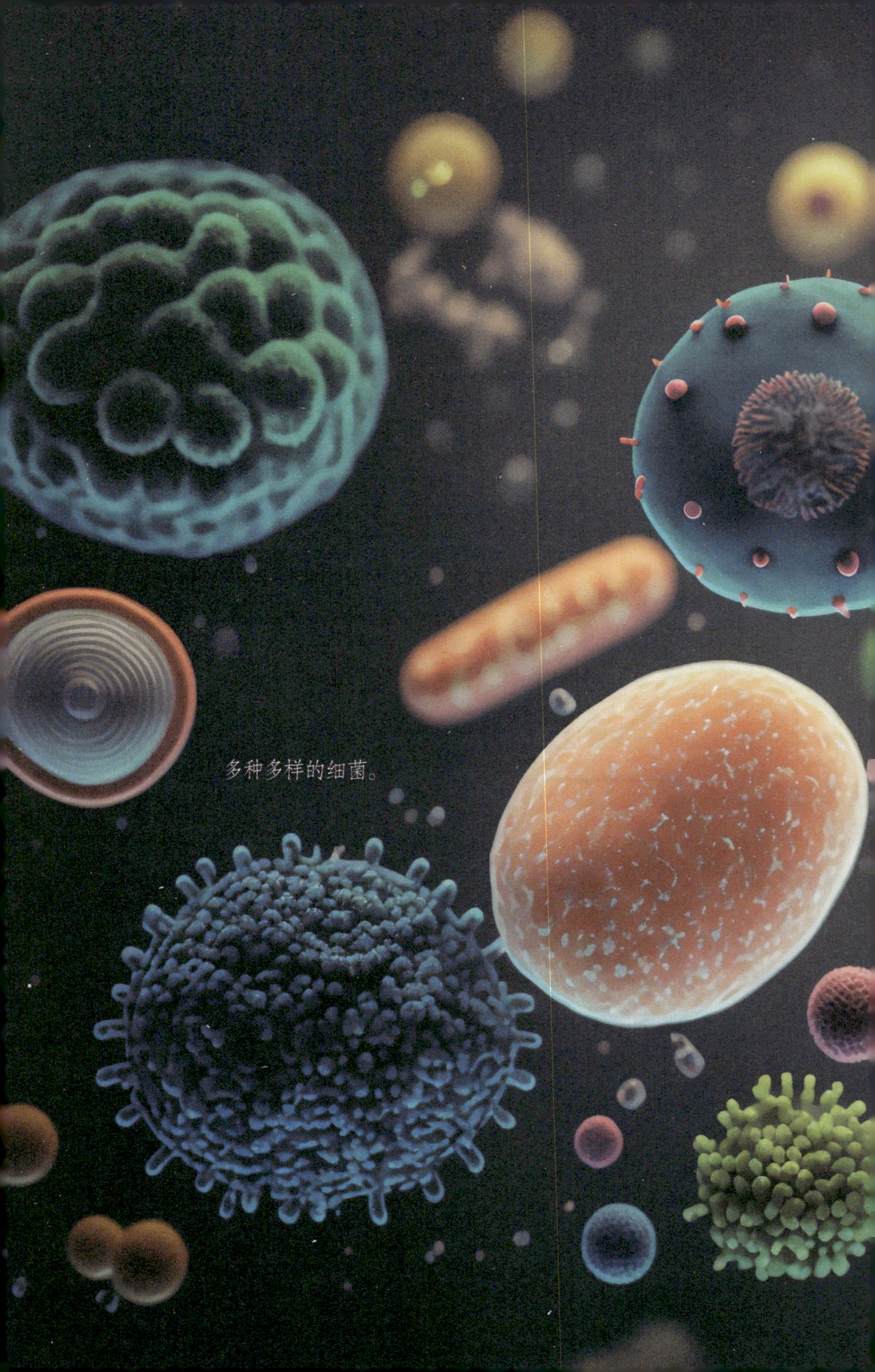

多种多样的细菌。

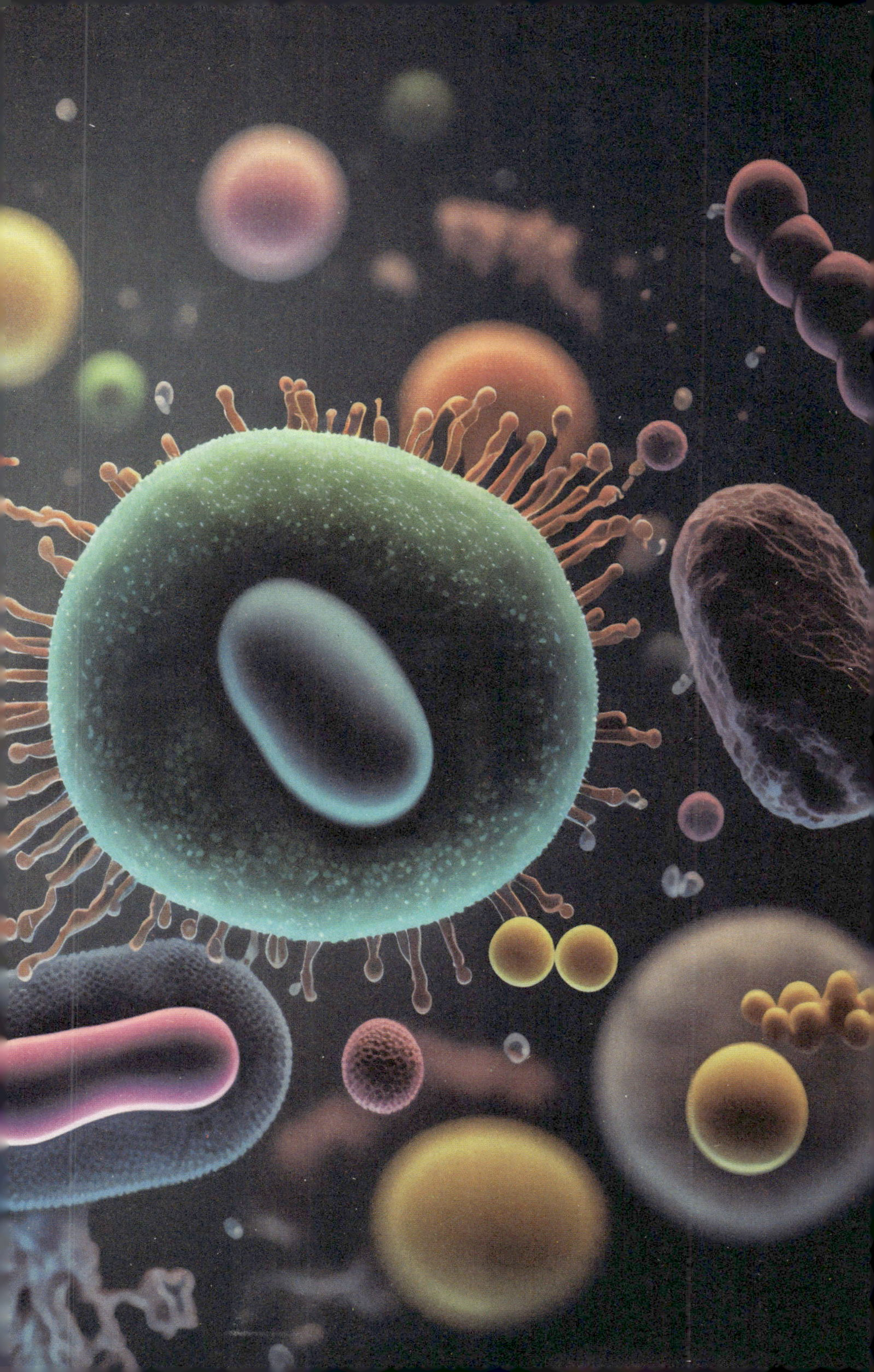

- 吸管虫

吸管虫通过吸管进食，是一种常见的微生物，显著特征是带有几根细长的吸管。它们主要生活在水体中，如河流、湖泊和海洋等。

吸管虫在生态系统中扮演着重要的角色，它们是水生生物的食物来源，如小鱼、小虾和螃蟹等。此外，吸管虫还可以帮助分解有机物质，对保护水生生物和维护生态平衡具有重要意义。

- 固着型纤毛虫

固着型纤毛虫通常生活在水体中，以藻类、浮游植物等为食。固着型纤毛虫的结构类似于细丝，因此得名。它们的作用是帮助水体中的浮游植物固定在水面上，防止它们漂浮。

- 草履虫

草履虫是一种纤毛虫动物，身体很小，圆筒形，由一个细胞构成，雌雄同体。最常见的是尾草履虫，体长只有80~300微米，身体表面包着一层膜，膜上密密地长着许多纤毛。

小·揭·秘

草履虫从平面角度看上去像一只倒放的草鞋底，故名草履虫。

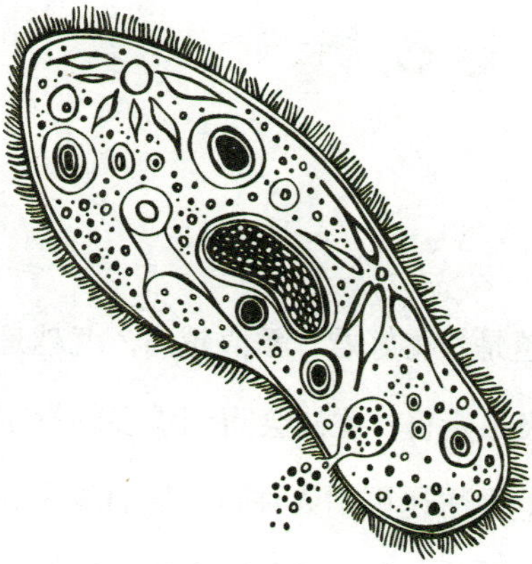

草履虫。

7. 越美丽，越致命

古往今来，越是长得好看、颜值越高，就越是被人喜欢。长得好看的花草树木、飞虫走兽，往往会得到更多的肯定和赞美。

然而美丽的生物往往更引人注目，从而暴露在危险之中。或许正是因为这个原因，生物长得越漂亮可能就越致命。这些生物虽然看起来很美好，实际上却充满了危险，因为它们很可能带有剧毒。

- **毒箭蛙**

箭毒蛙是世界上外表最美丽的青蛙，也是毒性最强的物种之一。它们的体型很小，最小的仅有1.5厘米，个别种类也可达到6厘米。

箭毒蛙科的成员并非全部有毒且色彩鲜艳，有毒的成员彼此之间的毒性也有差异，其中毒性大的蛙所具有的毒素就足以杀死两万只老鼠。南美洲哥伦比亚的科可蛙，只需0.0003克就足以毒死一个人。

小揭秘

箭毒蛙外表艳丽却极具毒性，因其毒液常常被当地人用来制造有毒的吹箭，从而得名。

- 非洲树蛇

身体细长的非洲树蛇是行动敏捷的树栖日行性蛇类，它们拥有大型后沟牙，毒液含有剧毒。被它咬伤后，伤者的血液不会凝固，全身会七窍流血，内脏器官也会大出血，死亡过程缓慢而痛苦，只有抗毒血清能挽救伤者性命。一条成年的非洲树蛇能分泌4～8毫克的毒液，而5毫克的毒液已足以杀死一名成年男子。

非洲树蛇善于伪装，毒液含有剧毒。

- **鸡心螺**

鸡心螺外壳前方尖瘦而后端粗大，形状像鸡的心脏或芋头。鸡心螺的种类很多，有不同的色彩和花纹，是一种含有剧毒的海洋生物。它的尖端部分隐藏着一个很小的开口，里面有毒牙，可以从这里射出毒液，使受伤者一命呜呼。

- **长吻海蛇**

长吻海蛇是世界上分布范围最广泛的海蛇，也是唯一毕生都在海中生存和繁殖的蛇类。它们毒性约为埃及眼镜蛇的十倍，但其输毒量却远低于埃及眼镜蛇。

- **黑头林鵙鹟**

黑头林鵙鹟是生活在新几内亚的一种鸣禽，是林鵙鹟属的一种，头部、翅膀和尾羽为黑色，其他部分为橙色。黑头林鵙鹟是第一种被发现体表含有剧毒的鸟类，因皮肤和羽毛含有蟾毒素类神经毒性生物碱而闻名。

- **蓝环章鱼**

蓝环章鱼是生活在太平洋西岸附近的章鱼，以其他小型海洋生物为食物。它个头虽小，但它单次分泌的毒液足以在几分钟之内杀死26名成年人。由于目前还没有针对蓝环章鱼毒药的解毒剂，因此它是已知的世界上致死率最高的动物之一。

蓝环章鱼属于海洋剧毒生物之一，浑身长满“豹纹”，身上有蓝色圆圈。

• 澳洲灯水母

澳洲灯水母，俗称海黄蜂，是一种致命的毒水母，在水中呈现半透明状态，游速快，毒性大。它们主要生活在澳大利亚东北沿海水域，经常漂浮在昆士兰海岸的浅海水域，被认为是目前世界上已知的对人类毒性最强的生物。人类被它们蜇伤后，30秒便可死亡。

• 河豚

河豚为暖温带及热带近海底层鱼类，栖息于海洋的中、下层，有少数种类生存在淡水江河中。当遇到外敌，河豚的腹腔气囊则迅速膨胀，使整个身体呈球状浮上水面，同时皮肤上的小刺竖起自卫。

河豚鱼的毒素主要集中在卵巢、肝脏、血液中，其次是眼睛、鳃和皮肤，个别品种的肌肉中也含有毒素。这种毒素的化学性质比较稳定，即便经过炒、煮、腌、晒，都无法彻底清除毒素，所以人畜误食后死亡率极高，1克河豚毒素能使500人丧命。

• 巴西毛毛虫

巴西毛毛虫是一种生活在巴西南部的飞蛾幼虫，有着漂亮的外表。如果人类赤脚踩死巴西毛毛虫，会立刻感觉脚底有灼热似的剧痛，之后蔓延至大腿部位。在走路时，脚底疼痛感尤为剧烈，足痛和头痛会在之后的12小时内逐渐减轻。毒素发作时，伤者的腿部多处都会出现烟紫色，若不及时治疗，会导致多重器官衰竭直至死亡。

巴西毛毛虫有着绚丽的外表，但若被它蜇伤，它的毒素可导致剧烈疼痛，严重者会引发多重器官衰竭直至死亡。

8. 山鬼或夜枭，长相恐怖的类人生物

在东西方的传说故事中，充斥着无数类人生物的身影。它们有的长着蜘蛛一样的细腿，有的四肢长似猿猴，有的披头散发，有的长着血盆大口。但无论外形怎么变化，它们都有一个共同点——身体的某个部位与人类相似。

○ 可怕的自然界类人生物

虽然神话和传说都喜欢用人类的外形特点来虚构怪物，但我们不得不承认，自然界一些真实存在的生物也有着与人类相似的长相。

山魈，在中国神话传说中是山里的独脚鬼怪。中国的《山海经》里提到过，“南方有赣巨人，人面长臂，黑身有毛，反踵，见人笑亦笑，唇蔽其面，因即逃也。”

虽然在民间故事中山魈是山中吃人的恶鬼，然而在现实生活中，山魈却是真实存在的。它被称为“鬼狒狒”，长着人一样的脸，深灰色毛发，站立时有1米多高。它的脸部颜色鲜艳，被称为猴类中的“大花脸”，形似鬼怪。如果在夜里遇见它，确实很难不让人畏惧。

下面几种生物，就是自然界真实存在的“类人生物”。

笑脸蜘蛛：美国夏威夷群岛上一种特有的蜘蛛，身上生有类似人脸的花纹，腹部有彩色的斑点，因酷似人的笑脸而得名。科学家认为，笑脸蜘蛛这种独特的花纹正是它们的“秘密武器”，用来恐吓猎食者，保护自己。

鬼脸天蛾背上有着形似骷髅头的斑纹。

鬼脸天蛾：一种生活在热带及亚热带地区的生物，背上长着骷髅斑纹，嘴鼻齐全，面目狰狞，形如骷髅。

白脸僧面猴：灵长目卷尾猴科僧面猴属动物，皮毛细长，从背中部和颈部下垂到侧面，形成头顶的披肩，因头部的毛发造型如同僧人头上的帽子而得名。

鬼脸蟹：又名海克螃蟹，有点像怒目的关公，看起来非常狰狞恐怖。

白耳狨：一种生活在巴西东南部森林内的新世界猴，栖息在热带丛林，小型群居生活，杂食性动物。它们长相奇特，长着一张白色人脸，黑色眼圈，形似电影中的人面兽。

白脸僧面猴长相独特，形似中世纪的欧洲僧人。

白耳狨栖息在热带丛林，以小群生活，现已被列为濒危野生动物。

墨西哥钝口螈：又叫美栖螈，墨西哥特有的两栖动物，外表呆萌，长相可爱，很多人把它当宠物养。

❍ 几种未经证实的类人生物

名称	出现地点	说明
神农架野人	中国湖北神农架	相传是生活于神农架一带的野人，但时至今日也没有足够的证据证明神农架野人的存在。
多佛恶魔/大头鬼	美国马萨诸塞州多佛	多佛恶魔有点类似于外星人，它们周身无毛，橙色眼睛，脑袋像西瓜。不少人相信多佛恶魔很有可能是外星生物。
比利猿	刚果比利森林	一种大型灵长类猿类动物，浑身长满灰毛，鼻宽脸大，力大无比，喜欢吃肉。因质疑者众多，因此比利猿是否真实存在仍然是个谜。
人面犬/人面鱼	日本全境	长着人脸的兽类。一般被认为是因战争或天灾时在民间流传起来的传说生物。

续表

名称	出现地点	说明
狼人	西方国家	西方民间故事的一种兽人，拥有人的身躯和狼的脸型。狼人厌恶印制物品，据说死后会变成嗜血的恶魔。
人鱼	非洲东部，中国、日本、印度海域，太平洋沿岸海域	传说中的海洋生物，上半身是人，下半身是鱼的样子，性情温和，广泛存在于神话以及传说故事中。也有学者推测，传说中的人鱼可能就是儒艮，一种海底生物。
河童	日本全境	居住在河里的小型生物，外表看起来像三岁儿童，浑身绿色或红色，喜欢跟小朋友玩相扑，伺机引诱孩童溺水。
天蛾人	美国	一种有翅膀的人形生物，眼睛部位会发出红色光芒。虽然有不少人声称自己看到过天蛾人，但目前依然没有任何证据证明天蛾人的存在。

9.常居“灵异事件”热搜榜的动物们

你是否经常听到这样的传闻：一个人走在漆黑的山间小路上，突然他的眼前出现了一个长发女人的身影，人影一身白衣，一晃而过，瞬间又消失在树林深处？

这些让人谈之色变的“闹鬼事件”，真相其实让人哭笑不得。下面这些动物就屡次出现在各种灵异事件中，成为当之无愧的“主角”。

○ 荒野间跳跃的长发女人

某日深夜，一位喜欢夜钓的网友无意间拍下一段诡异的视频。视频中，一个身材小巧、身穿白衣、披头散发的生物在草丛间快速跳跃。视频在网上发布之后，网友炸开了锅，有人说是僵尸，有人说是女鬼。众多说法匪夷所思，让人心惊胆战。

小·揭·秘

其实事情并没有那么复杂，这是一种体型小巧的动物，名字叫红白鼯鼠。红白鼯鼠的头部至颈部的毛发呈白色，颈背部为栗棕色，胸腹部为鲜赭色，尾呈栗红色，近尾基处有一明显的淡黄色或白色尾环，因整体毛色红白相间而得名。

红白鼯鼠在行走或跳跃时会高耸起尾巴，远远看去就像是一个穿白衣、扎马尾的人在行走，在夜色的衬托下，才会让人“望而生畏”。

半夜过马路的老奶奶

海外一位网友发布了一段恐怖的视频。视频中，一个“老奶奶”

在路灯下缓慢爬行。“她”全脸煞白，眼窝漆黑，指甲很长，在地上匍匐爬行，看向镜头的时候脸上还带着诡异而恐怖的微笑，让人看了不寒而栗。

小揭秘

实际上这并不是什么诡异老太太，而是大名鼎鼎的树懒。树懒是一种生活在南美洲的哺乳动物，前肢特别长，但无法直立行走，主要是通过爬行来移动。

○ 水鬼

水鬼，又叫水猴子，在民间广泛流传，据说是溺水而死的人死后亡魂所化成的厉鬼。它们遍体长着黑毛，红目黑面，身体像只大猴子，可以在水下呼吸，也能上岸行走。水鬼终日盘旋于水底，引诱或直接将活人拉下水中淹死，做它的“替死鬼”。

小揭秘

其实水鬼不过是一种以讹传讹的说法。所谓的“水鬼”，极有可能是水中的某些小动物，比如水獭、怪鱼，甚至是藻类植物或者漂浮在水里的塑料布等。传说中的水鬼不过是一种想象的产物，提醒活着的人游泳时要注意人身安全，避免在水里送命。

第 二 章

见血封喉
可不是说说而已

——生物的独门酷炫绝技

1. 生物的生存智慧

无论何种生物，生存的第一要务都是食物。自然条件复杂多变，动物们时而饱食终日，时而食不果腹。为此，动物们演化出了各种生存本领。比如壁虎在遇到危险时会“断尾求生”，而海参在紧急情况下会排出自己的内脏。自然界的动物千千万，每种动物根据自己的习性和生存条件，都会进化出自己独有的技能，把智慧发挥到淋漓尽致。

动物们的生存智慧，一般体现在以下几个方面。

拟态：有些动物会通过模仿其他动物或者模拟周围环境来逃避天敌的注意，比如某些节肢动物会模仿树枝的形状和纹理，而蝴蝶会模仿剧毒生物的颜色和斑纹来避免自己被猎食。

分工合作：群居动物是团队协作的楷模，狼群在狩猎时可以展现出严谨强大的分工合作能力，蚂蚁则会根据指令完成精细复杂的巢穴修筑工作。

隐藏身份：变色龙能根据环境变化改变肤色，实现完美伪装，提高狩猎时的隐蔽性。

适应环境：当发温度发生变化时，蜥蜴会通过寻找良好的热源来调节身体的温度；企鹅全身长满绒毛，用特殊的生理构造来适应极端天气环境；骆驼会将水储存在胃中，还会控制排尿次数来减少水分的消耗来应对干旱气候。

面对自然界的生存竞争，生物们各自进化出独特的能力和致命武器，是自然界当之无愧的“绝顶高手”。

拟态是生物的基本技能之一。图为一只将自己伪装成枯树叶的叶尾壁虎。

2. 防御高手

○ 生物的防御行为

在自然界中，不同物种之间往往存在着捕食与被捕食的关系。既然捕食者要设法捕食被捕食者，难道被捕食者会束手就擒、坐以待毙吗?

实际上，自然界里每一种生物都有自己的办法来防御捕食者的捕食，这就是生物的防御行为，也是一种求生的本能。

物理防御：生物会通过增强身体的物理特征来保护自己，例如刺猬的硬刺、蜗牛的硬壳以及袋鼠的腱子肉等。

声音防御：一些动物使用声音来保护自己。例如有些鸟类会模仿其他鸟类的叫声，以模糊敌人的追踪。有些鸟类还会用枯萎的树枝制造响声，制造一种“后退”的感觉，这一行为也可促进其繁殖成功率。

色彩防御：生物通过改变自身的颜色来保护自己或者吓退敌人，例如变色龙能根据环境改变皮肤颜色，而孔雀等鸟类则会利用身上色彩艳丽的羽毛来恐吓敌人，防止自己成为别人的猎物。

拟态防御：通过模拟其他生物或环境特征来避免被捕食，例如枯叶蝶在遇到威胁时会将自己伪装成树叶。

假死防御：通过假装死亡来逃避捕食者的追击，从而增加生存的概率。比如鳄蜥在遇到威胁时会立即进入装死的状态，一动不动，全身僵硬，让捕食者丧失兴趣。

转移攻击部位：通过诱导捕食者攻击自身特定的部位，以此逃生，比如壁虎主动断尾。

❍ 防御过招，拼拼谁更狠

自然界的争斗往往是通过肉体与肉体的直接碰撞，决定胜负的关键在于进攻，决定生死的关键却在于防御能力。要想在自然界生存下去，防御有时候往往比进攻更加重要。毕竟对于生物而言，活得久才是王道。

下面介绍几种有意思的生物，看看它们是如何应对天敌的“入侵”。

● 爆炸蚂蚁——遇到危险随时引爆身体

马来西亚有一种奇特的蚂蚁，当它们处于敌人的威胁之下时，会消耗体内的能量，将自己的身体引爆，这可是它们的顶级防御招数。这种蚂蚁的学名为桑氏平头蚁，其体内生有装着毒气的巨大体腺，当它们感知到危险状况时，它们会聚集体内的苯乙烯气体，将自己的身体引爆，喷射出毒气，对敌人造成伤害。

多毛蛙又叫壮发蛙，雄蛙两侧的皮肤和大腿根部有细密的毛。

● 多毛蛙——自断腿骨

这种青蛙学名为壮发蛙，又名壮节蛙、骨折蛙、多毛蛙，它们能够在遇到危险的时候折断自己的腿骨，从折断处长出像猫一样的锋利爪子，阻挡敌人的进攻。

小揭秘

雄性多毛蛙后腿和中脊上的毛实际上是一团细小的皮肤纤维，里面还有血液在流动。科学家认为，这些多毛蛙用毛发作为辅助呼吸的工具。

• 角蜥——眼睛喷血

美国西南部生活着一种有角蜥蜴，虽然它看上去与其他蜥蜴物种没有什么两样，但当它们遇到攻击时，它们会压迫自己的眼窝，导致血管爆裂，从眼睛向敌人喷射一股鲜血，它们可以趁敌人受到惊吓时赶紧逃走保命。

角蜥在遇到危险时眼睛会喷射鲜红色液体。

• 臭鼬——臭屁之王

臭鼬实际上是一种很漂亮的小型哺乳动物，喜欢在垃圾堆和腐烂的死尸上寻找食物。遇到危险时，它们能释放类似麝香的臭气，臭气波及范围远达数公里之外。但是它们的视力却非常差，多数的臭鼬只能看到前方3米左右的物体。

小揭秘

所有的鼬类物种都能够喷射麝香般的臭气，其中它们的肛门腺释放的气体威力更大，如果被直接喷射到的话，受害者会暂时性失明。

- 甘薯小象甲——大便攻击

小象甲，又叫番薯臭虫、红头娘。这种小象甲幼虫会将自己的粪便涂在身体上，避免掠食者将它们吃掉。这种粪便对于掠食者来说不但臭气熏天，还有毒素，能让对方知难而退。

名称	防御方法	说明
犰狳	“刀枪不入”的铁甲	当犰狳处境危险时，能以极快的速度把自己的身体隐藏到沙土里，全身蜷缩成球形，身体被四面八方的“铁甲”所包围，让敌人无从下手。
海参	转变形态、喷射内脏	海参的皮肤中含有一种胶原质，能够提取和吸收更多的水分，从而有效地将“液体”变换为“固体”。更令人惊异的是，它们能够将身体分散成许多块，然后再重新组装起来。它们甚至还能将内脏倾倒出来，内脏的腐蚀性液体可对敌人构成威胁。

续 表

名称	防御方法	说明
盲鳗	喷射黏液	当盲鳗遭遇攻击时，它们的皮肤毛孔中会释放令人窒息的黏液，将入侵者包裹成一个纤维黏团。
投弹甲虫	喷射沸腾毒液	这种甲虫擅长向敌人所在方向投掷沸腾的有毒液体，让掠食者知难而退。
豪猪	尖刺	遇到危险时，豪猪会迅速将身上约1米长的棘刺直竖起来，再以背部和臀部朝向入侵者，使全身的棘刺竖立起来并急骤地颤动，发出尖锐的碰撞声。紧急情况下，它们还会将棘刺如箭矢般射出，将敌人击退。

犰狳背上有一层形似盔甲的带状物，属于世界濒危哺乳动物。

3. 求生不易，全凭演技：动物界的“奥斯卡影帝”

○ 动物的假死绝技

从昆虫到两栖类、爬行类、鸟类乃至哺乳类，善于装死的动物“演员”遍布各界。装死也是动物的一种防御手段，是动物将自己伪装成去世状态的行为，目的在于逃避天敌的捕食。

但动物并非一遇到危险就会装死。在实施“装死大法”之前，动物们都会用自己的方式去衡量逃跑和装死哪个生存概率更大。在绝大多数情况下，装死其实是动物走投无路下的选择。一旦装死失败，它们便极有可能一命呜呼。

装死是动物的一种防御手段。图为一只装死的小负鼠。

基于此，动物们不仅要掐准装死的时机，同时还要装得逼真、装得有技巧，才不至于弄巧成拙。因此，装死可不是一件简单的事情，它充分考验着动物们的“演技”。

除了会装死之外，有的动物还会特地表演出自己是被毒死或是病死的状态，让敌人对它们的“尸体”望而却步，从而进一步提高生存概率，是动物们中的“戏精”无疑了。

○ 如何获得装死技能

作为动物界弱势群体们的傍身“绝技”，装死这项本领既可以后天习得，也可以通过基因遗传，其中基因遗传发挥的作用可能更大。

除此之外，装死不仅存在共性，还存在个性。有些动物的装死技能并非出于自愿，而是源于它们体内暗藏的特殊“开关”。一旦因紧急情况触发“开关”，它们的身体便会处于某种特殊的体态，自动陷入假死状态。

换句话说，为了把装死行为贯穿到底，很多生物甚至进化出了相应的反射机制。一旦符合触发条件，哪怕它们并不想装死，也得“翘辫子”。

从宏观角度来看，虽然装死并不是某个动物的专属能力，但千篇一律的“表演方式”显然不如百花齐放的“演技爆发”更有意义。如果所有动物都是按照一定模式来表演死亡状态，那么捕食者也会逐渐从中找到规律，那么这项本领就失效了。所以从个体角度而言，动物们的装死行为最好具有不同的特点和变化，比如昏死的时长和苏醒的时机等等，能让它们逃脱的机会加大。

○ 几位动物界的“奥斯卡影帝”

• 弗吉尼亚负鼠

弗吉尼亚负鼠，也叫北美负鼠，主要生活在中美洲和北美洲，是一种有袋类动物，通常为60~80厘米，体重2~4公斤，最大可到6公斤以上。这种负鼠在受到威胁或潜在的伤害时，嘴唇会后拉，牙齿外露，口吐白沫，眼睛闭着或半闭，还会从肛门腺分泌出恶臭的排泄物。

有趣的是，负鼠在“表演死亡”时，身体都会不自然地僵直或扭曲，表情痛苦至极。即便再怎么刺激它，它都不会表现出任何反应，看上去就像刚刚中毒身亡一样，让敌人对它失去兴趣。

在装死几分钟至若干小时后，负鼠便会恢复意识，并开始自由活动。

• 南美猪鼻蛇

南美猪鼻蛇也是装死高手，人们称之为“装死蛇”。当它们遇到敌人时，立马一动不动，露出一副死相，在当地素有“装死老手”之称。

猪鼻蛇其实是三个具有一定亲缘关系的动物的总称，它们分别是猪鼻蛇属、南美猪鼻蛇属以及马达加斯加猪鼻蛇属，主要生活在北美洲、南美洲和马达加斯加州。

猪鼻蛇跟其他蛇类完全不一样，不但没有攻击力，甚至还有点“蠢萌”。它们多数身体短小，体型“微胖”，行动迟缓。虽然它们也带有一定的微毒，但对敌人产生不了任何威胁。

面对威胁时，由于没有直接的“利器”，猪鼻蛇只能选择“装傻”或者“装死”。它首先会模仿眼镜蛇，先将自己的身体盘旋起来，挺直部分身体，鼓起腮帮子，并发出嘶嘶的叫声，装出要“咬”的样子，吓退敌人。

当威胁不管用时，它便会“演技大爆发”，在猎手面前表演一出死亡大戏——它们会180度旋转自己的身体，吐出舌头分叉，躺倒在地。倒地之后，它们的身体会逐渐散发出恶臭的味道，让敌人以为它已经死亡发臭。无论如何翻动，它都不会改变姿势，从而使敌人选择放弃猎食。

• 柠檬鲨

尖鳍柠檬鲨是真鲨目真鲨科柠檬鲨属鱼类，又名犁鳍柠檬鲨，分布于西太平洋至印度洋海域。柠檬鲨体型庞大，性情凶猛，还曾有过攻击人类的记录。虽然它们大多数情况下并不会主动攻击人类，但在遇到特殊境遇时，它们会陷入假死状态，背鳍翻转，肚皮朝上，持续约15秒左右的时间。

柠檬鲨也是装死的高手之一。

- **慈鲷**

慈鲷，又名丽鱼，水生食肉动物，是生活在美洲和非洲的一类鱼的总称。它们虽然算不上是演技最好的动物，但绝对算是最“敬业”的动物。

这类鱼的身上一般覆盖着绚丽的鳞片，在特殊的光线条件下，它的身体看上去就像一块漂浮的烂肉。

慈鲷身体的鳞片上有错综复杂的图案，一眼望过去，它们的身体就如同一具死去多时并且开始腐烂的尸体。当它们一动不动漂浮在水中的时候，就仿佛一截随波逐流的烂木头，让捕食者瞬间丧失胃口，掉头就走。

然而水中也有一部分鱼类是以腐肉为食的。当食腐鱼发现慈鲷时，它们又会突然“苏醒”过来，反客为主，美餐一顿。

• 美洲晕倒羊

晕倒羊是美洲的特有羊种，因其患有先天性肌强直症的缘故，只要一受到惊吓就会四肢僵硬，腿软倒地。更有趣的是，有时候它们走着走着也有可能晕倒，自己和自己玩耍的时候也会晕倒，从高处跌落时也会晕倒，其行为动作如同一具木偶。

值得一提的是，跟上面那几位“影帝”不同，晕倒羊的本领并不是它们的主观意愿，而是一种先天性的遗传疾病。在受到刺激时，它们的肌肉往往不受控制，僵硬抽搐，直到恢复过来。

小揭秘

很久之前，晕倒羊是用来保护羊群的。每当野兽来袭时，晕倒羊就会不受控制地倒地，羊群便可趁机逃之夭夭。如今，晕倒羊大都成了宠物，或者用来招揽游客，价格不菲。

4. 以假乱真：伪装大师的拿手绝技

适者生存是动物世界里最残酷的生存法则。在动物的生存竞争中，不同的动物有着各自的生活本领，适应环境是每个生物的必修课。为了适应大自然，它们都有自己的独特生存技能，比如变色龙为了保护自己可以与大自然"融为一体"，烟灰悲雀会用幼鸟身上的橘色绒毛和大脚趾垫来进行伪装，从而避免被掠食者攻击。

伪装，严格意义上来说算是拟态防御中的一种，是指通过变化自身的外貌、声音、气味等，使自己与环境融为一体，达到自我保护的目的。伪装也是动物的本能，这是它们能够自救和保护自己的最有效方式，可以说是动物的重要生存手段，意义不言而喻。

- **拟态章鱼**

章鱼是自然界顶级的伪装大师，它们可以随意改变自己的身体颜色和形状，还可模拟多种环境和其他海洋生物（比如比目鱼和海蛇等）。

拟态章鱼的身体有数万个色袋，叫作“色包”，里面含有色素，并靠色素来表现多种色度。它们通过放松或收缩色袋，迅速让身体与环境颜色和图案保持一致。

拟态章鱼是大自然中的伪装大师，可以任意改变身体的颜色和形状。

- **变色龙**

变色龙是蜥蜴目避役科爬行动物的统称。它们善于根据环境的变化，随时改变自己身体的颜色，是动物里大名鼎鼎的“伪装高手”。变色龙这一本领既有利于隐藏自己，又有利于捕捉猎物。

• 猫头鹰

猫头鹰是世界上最不可思议的伪装动物，这种罕见的物种可以藏身于树洞或树干上，因为它羽毛的保护色让它看起来就像是树皮。当它和树木完美地融合在一起时，捕食者几乎无法发现它的存在，并且它还会趁机袭击猎物。

• 叶尾守宫

马达加斯加生活着一种奇怪的小动物——叶尾守宫，它们栖息在热带雨林的灌木丛中，白天喜欢抓住树枝睡觉，一动不动，很难被发现。

叶尾守宫堪称为自然界最出色的伪装大师，当它趴在树上休息时，看起来就像是一片在秋风中枯萎的树叶。

• 竹节虫

竹节虫因其高超的拟态技巧，被称为昆虫里的“伪装大师”。它善于模拟成树枝或树叶，看上去就跟真实的树枝一样，还能根据光线、湿度、温度的差异改变体色，将自己隐于无形。

• 灰树蛙

灰树蛙具有与树皮相似的肤色，在受到威胁时还可以改变颜色，这使得它们在树间难以被发现。

一只隐藏在花间的变色龙。

竹节虫形状细长似竹节，具有出色的伪装能力，善于装死。

石头鱼可以一动不动地在水底躺着等待猎物，是海洋中一种危险的有毒鱼类。

• 石头鱼

石头鱼，又称石狗公。这种鱼的眼睛和下颌突出，背鳍参差不齐，外形极其丑陋，看起来就像一块凹凸不平的石头。石头鱼的背鳍上有毒性剧烈的硬刺，被列为“世界十大毒王”之一。石头鱼经常停栖于礁石间之，也喜欢半埋于沙中，利用身体颜色及花纹，模拟成周边环境，以缓慢或不动的状态等待猎物，伺机而动，瞒骗猎物或掠食者，捕摄食物。

5. 天生克星：高手过招，招招致命

天敌，自然界生物当中一种常见的生物关系，它是指自然界当中的某种生物专门捕食或者通过某种方式危害另一种生物生存的行为。有些动物从出生就是天敌，比如说猫和老鼠。

如果将天敌关系放大到生物种群当中的种间关系，它既可能是捕食关系，也有可能是寄生关系。这是生命在几千年甚至上万年的进化时间当中不断磨合形成的，对生物和自然界来说，都有着积极的意义。

○ 相互制约，生命共荣

每一种动物都需要生存。生存就必然存在着捕食与被捕食，而食物链和食物网则将动物们连接在一起。正因为捕食关系的存在，动物

间由于各自喜好的食物特性，形成了一种天然的敌对关系。比如猫就是老鼠的天敌，老鼠见了猫撒腿就跑。自然界当中有太多的天敌关系，被天敌克制的生物都活得谨小慎微。

然而猫这类的小型动物也有自己的天敌，比如大型猛禽和野兽。哪怕是站在食物链顶端的生物也会有自己的克星，比如细小的病毒或细菌，可谓是“一物降一物”。

天敌关系的建立，不仅可以合理地控制被捕食者、被寄生者的数量，还能让捕食者及寄生者获取稳定的食物和能量来源，促进食物链和食物网当中的能量流动，有着许多积极的意义。

那么，是否存在没有天敌的动物呢？

答案是否定的。世界上没有绝对没有天敌的生物，只能在某个限定范围内没有天敌。自从地球生命诞生以来，各种生物相互适应、相互制约，共同促进了生命的繁荣。

从古至今，猫一直都是老鼠的克星。

❍ 自然界的天生克星

• 蛇VS獴——毒蛇杀手，闻风丧胆

说起眼镜蛇，很多人不寒而栗。然而有一种生物却能有恃无恐地挑衅致命的眼镜蛇，它就是獴。

獴是自然界中为数不多的会主动攻击毒蛇的动物，只要两者相遇，眼镜蛇就没有退路可言。獴身手敏捷，能够迅速闪避眼镜蛇的闪电式攻击。更重要的是，它们对眼镜蛇的蛇毒天生具有免疫能力。獴也具有较快的代谢率和高度发达的免疫系统，这使得它们能够更好地应对毒蛇的攻击。虽然有些毒蛇的毒液确实可以减缓它们的速度，但是它们依然可以通过敏捷的行动杀死毒蛇。有这两项绝技在身，眼镜蛇自然不是它们的对手了。

獴能捕杀比自己体型大几倍的蛇。

• 蜜獾VS草原蜜蜂——生死看淡，不服就干

非洲草原上的蜜蜂，因其彪悍的团队作风，被外界冠以“杀人蜂”的称号。它们凭借数量优势和被咬噬以后带来的剧痛感，几乎可以击退任何野兽。就算是位于食物链顶端的狮子，也拿它们束手无策。但是如此彪悍的物种，也有自己的克星——蜜獾。

蜜獾的名字听起来很可爱，但它们是地球上最彪悍的动物之一。它们很聪明，胆子大，能识破敌人的弱点部位，继而发起攻击。研究发现，蜜獾对某些毒液也有一定的免疫能力。多年来，蜜獾以“世界上最无所畏惧的动物”霸榜吉尼斯世界纪录，可见它有多难对付了。

蜜獾拥有厚厚的皮毛，杀人蜂的毒液对其根本不起作用。蜜獾最爱的食物便是野蜂蜜，所以它们会主动出击，攻击蜂巢，杀人蜂拿它们毫无办法。

• 獴VS黑卷尾——暴躁小鸟，专坑队友

黑卷尾是雀形目卷尾科一属，是燕尾鸟的一种，又称铁练甲、铁燕子、铁林哥。在常见的鸟类中，它算是脾气最暴躁的鸟类了。

黑卷尾在草原上有一个亲密队友，那便是獴。獴体型很小，天敌很多，一不留神就有可能成为鹰爪下的猎物。每当黑卷尾看到有狐狸或豺狼潜伏，或者天空中盘旋的老鹰，便会向獴发出警告，通知队友撤离。

虽然黑卷尾经常帮助獴逃离危险，但也经常“坑害”队友。当

它打算与獴争夺食物的时候，便会故意模仿猎食者的声音来吓走獴。在獴害怕而放弃食物的时候，黑卷尾便会高速飞下，夺走食物。

- 狮子VS鬣狗——王者之争，势不两立

自古以来，狮子便是公认的“万兽之王”。它们体型威猛，身体强健，猎杀能力出众，是草原里当之无愧的“草原一哥”。

然而凶猛的狮子也有自己的对手，那便是鬣狗。鬣狗的体型不及狮子的一半，但身体灵活，听力灵敏，牙齿咬合力强，而且善于团队作战，让狮子们吃尽了苦头。

狮子和鬣狗有时候会在食物和领域问题上爆发冲突。如果二者一对一，鬣狗很可能不是狮子的对手。但如果落单的狮子遇上鬣狗群，那后果可能就有点严重了。

小揭秘

鬣狗特别喜欢其他猛兽吃剩下的肉和骨头。它们在“吃剩”的同时也清除了草原上腐烂的尸体，保持了草原的清洁，所以当地将鬣狗称为“草原清道夫”。

即便凶猛如狮子，也得时刻警惕鬣狗群的突袭。

6. 谣言终结者：被误解的动物们

虽然生物在进化过程中掌握了丰富多彩的技能，这些能力也确实对它们的生存和防御起到了巨大的作用，但生物的某些能力对人类来说却不见得那么友好。人类在与动物相处的过程中，由于认知等方面原因，对很多物种的能力产生了误会，有的甚至长年被误传、被偏信。

然而谣言的每一次传播，都会加深世人对此类物种的偏见。因此，澄清误会、终止谣言的传播，是时下很多人都亟待去做的事情。

乌鸦的嗅觉非常灵敏，即便在很远的地方，也能分辨出空气中的微弱味道。

• 谣言：乌鸦叫，祸事到

乌鸦叫一般会在2~3天内有人去世，这是因为乌鸦的嗅觉灵敏，可以提前嗅到将死之人内脏腐烂的气味。也正因如此，古代很多人将乌鸦列为不祥之鸟，只要乌鸦出现，就意味着有不好的事情要发生。其实乌鸦并不是不祥之鸟，它喜欢吃动物尸体和腐烂之物，嗅觉特别灵敏，能在很远的距离嗅到尸体分解出来的微弱气味。而久病之人临终前会释放部分腐败气味，引得乌鸦前来。这也是人们厌恶乌鸦的原因。

• 谣言：黑猫是不吉利的象征

在西方文化中，人们认为黑猫与女巫、邪恶有关，看到黑猫便意味着会带来不幸。在东方传统文化中，古时人们认为黑猫能看到邪祟，黑猫的出现容易让人联想起不好的事情。

其实，黑猫是否吉利取决于个人的文化背景和信仰，这跟黑猫本身却没有任何关系。

• 谣言：黄鼠狼能通灵拜月

在中国，黄鼠狼与蛇、刺猬一起，并称为民间“三大仙”。民间关于黄鼠狼的传说众多，多数都能与怪力乱神联系到一起。比如每到月圆之夜，黄鼠狼就会人立而起，双手作揖，对着月亮叩拜，像是在举行什么诡异仪式。此外，民间被黄鼠狼“附身”的流言多不胜数，让人脊背发凉。

其实这些行为都可以得到科学的解释。黄鼠狼是一种身材矮小的生物，嗅觉灵敏但是视力不好，为了观察到更远的地方，它会直立起来四处观察。加上晚上光线不好，人们看见黄鼠狼直立起来，可能会产生它在拜月的错觉。此外，黄鼠狼在遇到危险的时候会分泌一种液体，这种分泌物中含有致幻物质，人类闻到之后容易产生幻觉，神经错乱，做出一些奇怪举动，看起来就像是被“附身”一样。

• 谣言：旅鼠就爱集体自杀

北欧地区生活着一种旅鼠，繁殖力极强，生育周期又短。刚出生的幼鼠长到六个星期便可生育繁殖，一年要生育七八次。累积下来，旅鼠的数量惊人。在食物非常缺乏的季节，它们就会成群结队进行大规模迁移，最后到达海岸线，集体跳崖自杀。旅鼠自杀的事件在历史记载中不止一次，这样的现象让众多科学家也摸不着头脑。

现代科学家认为，这些旅鼠之所以投海自杀，其实是迫于生存压力。因为旅鼠的繁殖速度过快，数量急剧增加会导致食物等环境资源非常短缺，于是它们会另寻出路。

还有一种观点认为，这可能是旅鼠特有的生物机制。一旦种群数量超过一定限度，它们的基因就会启动大规模自杀的提醒，以便整个种族更好地发展。

• 谣言：鲨鱼会主动攻击人类

鲨鱼是自然界最可怕的食肉动物之一。一些媒体通常把它描绘成贪婪的嗜血怪物、水中杀手，人类如果在水中遭遇鲨鱼，很可能会被它们整个吞下，尸骨无存。

其实大部分的鲨鱼对人类的兴趣都不是很大，尤其鲸鲨等性情温和的鲨鱼。不过，也有一些比较凶猛的鲨鱼（比如虎鲨、大白鲨等）在受到刺激或遇到威胁的情况下，确实有可能会攻击人类。

鲨鱼虽然性情凶猛，但它们对人类并不感兴趣，很少主动攻击人类。

• 谣言：穿山甲能穿山碎石

穿山甲的身上覆盖着坚硬的鳞片，可以为穿山甲提供强大的保护力。这些鳞片覆盖在穿山甲的背部和腹部，形成一层坚固的防御壳。当穿山甲感受到威胁时，它会立即蜷缩成一个球状，将自己的肚子和头部完全包裹在鳞片之下，从而有效地保护自己免受捕食者的攻击。

挖洞是穿山甲的最大本领，吃住都靠挖洞。但穿山甲能挖穿的山是泥土山丘，不是石头山脉。而且，穿山甲的血肉和鳞片并没有特殊的药用价值，并没有大补的作用。

7. 生物的秘密武器

为了更好地捕捉猎物、防御敌人，自然界中的很多生物都进化出了高超的本领。要想在弱肉强食的自然界生活，生物们想方设法进化出厉害的“武器”，保证自己立于不败之地，成功存活并繁衍后代。

除了常规的猎食和防御本领之外，一些生物还拥有一些让人类都望尘莫及的“超能力”。这些独具个性的秘密武器，使得它们在自己的领域散发着独特的魅力。

○ 水中高压线——电鳗

电鳗是鱼类中放电能力最强的淡水鱼，它的输出电压可达800伏特，因此被称为“水中的高压线”。它的电流不仅可以帮助电鳗寻找食物、对付敌人，还可以用于水中通信导航。

可是，作为一种有血有肉的生物，为何能产生电流呢？其实秘诀就在它的身体构造上。电鳗的身体如同一块大电池，而奇特的放电能力就来自于它特化的肌肉组织所构成的放电体。

电鳗可以利用电流，对猎物进行“远程控制”，使躲藏着的鱼类抽搐，从而暴露自己的位置。电鳗的电流还会导致猎物的肌肉不自主地收缩、瘫痪，成为电鳗的盘中餐。

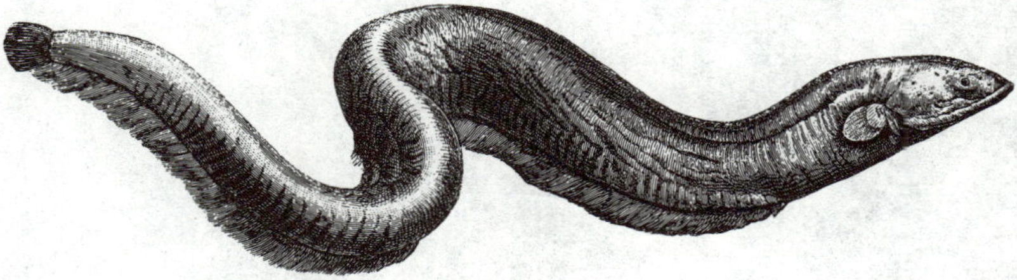

电鳗能释放出800伏特左右的电压，被誉为“水中高压线”。

○ 水下导航与声呐定位——海豚

海豚发出的声波会撞击到水下的物体，然后反射回来。通过接收和分析这些反射声波，海豚可以轻松地判断出物体的位置、大小和形状。依靠这套系统，海豚能在黑暗深海中进退自如。这种技术对于它们在深海中生活至关重要。

海豚在水中依靠声波来定位和交流。

○ 动物里的用毒高手

很多生物都有着自己的秘密武器，但用毒液来对付敌人的生物却不在少数。为了生存，很多动物甚至植物都进化出了制造毒液的本领，这是它们狩猎和保命的必杀技。有些动物本身不会分泌毒素，却能将其他生物的毒液据为己有并灵活运用，也算是一顶一的用毒高手。物竞天择，适者生存，生物之间不断地竞争，也是维持自然生态平衡的重要方式。

• 黑曼巴蛇

黑曼巴蛇是世界毒蛇中体型最长、速度最快、攻击性最强的杀手。它能以高达每小时19千米的速度追逐猎物，而且只需释放10~15毫克毒液就可置人于死地。更可怕的是，每条黑曼巴蛇的毒液含量都在100~120毫克，人类一旦被它咬到，几乎没有生还可能。

• 僧帽水母

它是海洋中最致命的杀手。被蜇伤的人如果不及时救治，8%会中毒身亡，32%会中毒致残。其毒性之烈，不输任何毒蛇。

黑曼巴蛇通体漆黑，是非洲最致命的毒蛇之一。

• 漏斗形蜘蛛

这种蜘蛛生活在澳大利亚悉尼市近郊，被视为毒性最强的蜘蛛，其毒牙足以穿透人类的指甲。被它咬伤，伤者在15分钟内就会死亡。虽然雄蜘蛛的体型比雌蜘蛛小，但其毒液的毒性是雌蜘蛛的5倍。

漏斗形蜘蛛是一种大型蜘蛛，也是世界上毒性最强的蜘蛛。

• 箱形水母

箱形水母是一种淡蓝色的透明水母，形状像个箱子，有4个明显的侧面，大约有15条触须，每条触须上布满了储存毒液的刺细胞。

箱形水母是世界上毒性最强的水母，也是世界上最毒的海洋生物之一。它的毒液能够使猎物瞬间毙命。从1884年开始到现在，已经有超过5500人死于箱形水母手中。

箱形水母虽然有着梦幻般的身体，但它的触须上布满毒针，一只箱形水母的毒素足以让60个成年人丧命。

• 东非冠鼠

这种小动物身上布满了像刺猬一样的刺，其中两侧还有特殊颜色的刺，只有在遇到威胁时才会亮出来。东非冠鼠会把夹竹桃、箭毒木等植物毒液涂抹在两侧特殊颜色的刺上。这些刺疏松多孔，里面的纤维像海绵一样善于吸收液体，能够容纳大量的毒液。

遭遇威胁时，东非冠鼠会收缩肌肉，亮出毒刺，主动把身体横向摆在天敌面前，只要对方咬上一口，就能要了它的命。

小揭秘

东非冠鼠可能是世界上除了人类之外，唯一会识别外来毒物并灵活运用的动物。

• 白毒鹅膏菌

白毒鹅膏菌是植物用毒专家中的佼佼者，又名白毒伞，表面光滑、通体洁白。别看它外表出众，却是一种毒性极强、致死率极高的毒蕈。白毒鹅膏菌的毒素为毒肽和毒伞肽，而且毒发机制极其凶险，只要食用一小株白毒鹅膏菌，就有可能造成生命危险。

外表颜色越是鲜艳的蘑菇，毒性往往越强。

8.人类对动物技能的学习应用

人类拥有其他生物望尘莫及的优秀大脑，成为了食物链最顶端的存在，并且占据了地球上最有利的生存空间。即便如此，动物身上也拥有让人类羡慕甚至嫉妒的优秀能力。

长久以来，人类一直在努力研究学习，希望能将动物们的一些特有的能力运用到人类的学习生活中来：比如人类从鸟类身上学习并创造出飞机；通过观察总结蚂蚁的工作规律，准确地推测天气的变化；根据蛇类的特性，研发出热成像诊断技术，促进医学的进步；通过对蝙蝠“超声波定位”能力的学习，人类成功发明了雷达，帮助人类远距离确定目标、回避障碍。

❍ 几种从动物身上学来的“超能力”

• 远红外成像设备

蛇是一种冷血动物，它们拥有特殊的感知能力，可以在黑暗的夜晚活动，及时发觉并准确捕获几十米外的田鼠、青蛙、蜥蜴等猎物。

科学家们研究证实，发现蛇天然具有红外线感知能力。其舌上排列着一种类似照相机的装置，装置上遍布感热细胞，可以探测外界热力的存在，传递大脑的视觉四叠体，然后在热力下，蛇的大脑里就能产生猎物的完整影像。

受到这一启发，人类通过漫长的研究，终于发明了远红外成像设备。因远红外成像仪具备有比较高的精准度，被应用到了很多的行业中，比如医疗技术、化工设备、环境监测等方面。

• 仿生机械臂

科学家发现，大象的鼻子比人类的手还灵活很多，不仅能多角度转动，还能兼顾发声器、味觉感受器等多种功能。研究发现，象鼻由15万条肌肉束构成，末端还有丰富的微血管和敏感的神经，像人的手指般具备触感，更有类似雷达的功能，可侦测外界环境讯号传回大脑。

基于这样的研究，科研人员从象鼻和章鱼触手的多功能运动中汲取灵感，推出一种新型的机器人结构，象鼻机械臂。这种机械手臂在控制、运动范围和安全性方面表现出色，能够代替人类进行大范围、高精度的运动，从而完成各种复杂的任务。

• 声呐技术

现代社会中，各种船只无一例外都会使用到声呐技术。通过该技术，人类可以在浩瀚的海洋中跟踪目标、躲避障碍、精准导航。

事实上，这种声呐技术的灵感来自于鲸鱼、海豚这样的动物。这些动物运用自身的声呐技术在水下导航，甚至能够辨别二十米远的地方是否存在威胁。

• 安全气囊

塘鹅是世界上最大的海鸟之一。在捕鱼时，它们会从三十多米的高空一头扎进海里，不仅毫发无伤，反而会准确快速地抓到隐藏在海里的鱼。

说到这里，就不得不提到塘鹅身体里的一个“安全气囊”——当它们开始俯冲时，会最大限度张开翅膀，撞击水面。为了避免受伤，塘鹅会将翅膀紧紧收拢，让身体以最小的接触面积入水。同时，它们会借助呼吸，让胸部和额头的气囊鼓起来，这样就能很好地缓冲身体，保护自己不会受伤。

机械臂能代替人类进行大范围、
高精度的运动。

人类根据塘鹅的这种特点，成功发明了安全气囊，大大降低了行车和飞行时因意外事件而造成的人员伤亡。

安全气囊的设计灵感来自于塘鹅，它能大大降低驾驶意外对人类产生的伤害。

第三章

天生怪咖

——生物的另类习性

1. 生物热衷“怪癖行为”的原因

生物们为了生存，通常会做出一系列行为反应。这些反应在人类看来可能是极其奇怪甚至很难理解的，比如犬类有时候会用屁股走路，岩羊钟爱在悬崖上行走。无论哪种行为，其背后都有一定的原因和动机，有的甚至是动物在迫不得已的情况下作出的反应。这些原因可能是多方面导致的结果，也可能只是单纯的基因遗传。

基因遗传：生物的某些奇怪行为可能与基因遗传有关，这是它们的祖辈在数次与大自然斗争之后通过遗传保存在生物基因里的记忆，是生物的本能反应。比如反刍动物在进食时会将胃里没有消化的食物从胃里“呕吐”出来，重新进行咀嚼吸收。这种看似“恶心”的行为，其实是为了完全消化并吸收其中的营养能量，是这类动物与生俱来的本领。

生存防御：生物为了生存必要，经常需要采用各种各样的方式来保证自己不会成为其他动物的“盘中餐”。为此，某些物种逐渐进化出一些“另类”的行为习惯，其实不过都是为了生存而已。比如海獭们在睡觉的时候习惯牵着同类的手，就是为了保证在睡着时不会被水流冲走。小松鼠热衷于“藏东西”，也是为了更好地应对食物短缺时的困境，只是它们经常忘记自己将食物藏在哪里而已。

求助信号：某些生物在遇到自身无法解决的问题时，可能会表现出媲美人类的反应。一些海洋生物（比如鲸鱼、海豚等）都有着丰富的情感和媲美人类的大脑，它们在遇到困难时有时会主动拦截过往的船只，帮助它们清除缠绕在身上的渔网或藤壶等异物。

环境变化：生物的行为习惯也经常随着环境的变化而发生改变，譬如群居性动物如果突然脱离熟悉的环境，可能会出现抑郁、自闭等现象，而习惯独居的动物加入群居生活时极有可能出现应激反应，甚至会出现暴力行为。

病理原因：如果一些生物表现出跟平时完全不一样的行为特征来，则可能是它们因疾病向外界发出的求助信号。比如犬类用力摩擦肛门部位，很有可能是感染了寄生虫的原因。

繁殖进化：生物的异常行为有时候还表现出周期性，尤其是在求偶时表现更为突出。鸟类和昆虫经常通过“尬舞”的方式来吸引异性的注意，而萤火虫在求偶时腹部会发出温柔的光。这些看似奇怪的动物行为，实际上都是为了适应环境、保护自己、提高存活率而产生的自然反应。

2. 挂尸体、吐口水、做鬼脸：动物们的迷惑行为大赏

○“鸟中屠夫”伯劳：热衷“挂尸”

伯劳是雀形目伯劳科伯劳属动物的通称。别看伯劳的体型只有麻雀大小，它可是不折不扣的“猛禽”，在外有着“鸟中屠夫”的称号。伯劳长着与老鹰一般尖锐的嘴，嘴巴末端锋利的钩子特别方便撕裂猎物，再一口一口吞下。

不过，伯劳“鸟中屠夫”的称号可不只是因为它残酷冷血的进食方式，更因为它有一项臭名昭著的“恶趣味”习惯——喜欢将一些小动物的尸体挂在一些有棘刺的树木或者灌木丛里，甚至是凸起的铁

伯劳喜欢将猎物尸体挂在树刺上，这种怪癖让它获得了“鸟中屠夫”的称号。

丝上，看起来就像是在制作“风干肉”一样，让人叹为观止。

其实伯劳之所以有这种看似疯狂的小癖好，跟它们的身体结构脱不开关系。

首先，伯劳的腿部肌肉不发达，爪子相对力量较弱，无法像其他猛禽一样一口便能撕扯猎物，它需要挂在树枝上来借力分割。

其次，保护自己的食物不被其他动物抢食，也保证了进食的安全性。伯劳虽然是肉食性动物且性情凶猛，但是它毕竟只是一只小鸟，天敌众多。为了保证好不容易到手的食物不被其他动物抢走，也为了保证自己在进食的时候不被袭击，它们只得叼着猎物飞到高处，固定在尖锐的物体上。

最后，伯劳的这一怪癖也是为了得到异性的认可。其他雀形目下的雄性鸟都是用鸣叫来吸引异性，但伯劳不同，它们的雌性更加青睐那些有极强捕猎能力的个体。到了繁殖期，雄伯劳不仅会用鸣叫来吸引异性，还会在树枝上挂一只较大的猎物来证明自己的实力，从而获得异性的认可。

羊驼：敢惹我，一口唾沫淹死你

羊驼是互联网的“大网红”之一，靠“吐口水”的怪癖吸引了无数网友的好奇心。

羊驼吐口水是一种复杂的行为方式，通常用于传达警告、防御、愤怒或示爱，是羊驼的一种自我防卫手段。尤其在感到威胁或不适时，它们会通过吐口水来警告潜在的攻击者，驱赶对方。

吐口水是羊驼的一种自卫方式。

同时，吐口水也是它们交流信息的一种方式，比如表达情绪、建立领地和等级。在某些极端情况下，羊驼吐口水的行为也可能与它们的健康状况有关，例如口腔疾病或不适。

❍ 黑冠猕猴：扮个鬼脸逗逗你

黑冠猕猴，又称长尾猴、山猴子，是中国南方地区的一种猴子。它们胡须浓密，头顶和颈部有一道醒目的黑色冠毛，非常可爱，是很多人心中喜爱的动物之一。

黑冠猕猴长相可爱、活泼好动，喜欢“扮鬼脸”来逗乐游客。它们有时用手拍打自己的脸来模仿人类的表情，甚至会学着人类的样子在河水中游泳洗澡，让人忍俊不禁。

其实动物中爱“扮鬼脸”的有很多，大多数都是为了表达它们的情感，比如高兴、焦虑、愤怒、喜爱等。一些动物在“扮鬼脸”后得到人类的肯定，从而获取更多的食物。而有些动物会在受到惊吓的情况下做出“鬼脸”，这种情况多数是为了自卫，消除紧张感。

❍ 树懒：以树为家，懒到发指

在美洲大陆的热带雨林中有一种哺乳动物，堪称名副其实的超级“大懒汉”——树懒。

它们的脑袋又圆又小，耳朵、鼻子也是极小，嘴巴微微向前凸出。从外形上看，树懒跟猴子有那么几分相似，不过它却和敏捷的猴

树懒的一生几乎都在树上度过。

子、猩猩完全不同。树懒从出生到吃饭、睡觉，甚至连交配都在树上完成，死后也仍然挂在树上。

不过，让它声名远扬的可不是这一特性，而是它的另一习惯——懒到发指。

树懒的动作极其迟钝缓慢，常常用爪倒挂在树上睡懒觉。它虽然有脚，但是不能走路，靠的是前肢慢慢拖动身体前行。

- **懒得吃饭，懒得活动，只想睡觉**

树懒几乎整整一生都待在树上，它不会像其他动物那样四处奔波觅食，而是以树叶嫩芽或果实为食。它每天要睡十五个小时以上，连吃都懒得吃。只有实在饿得不行了，它才会睁开眼睛，慢吞吞地摘一些树叶果实充饥。吃饱后，树懒会继续挂在树上睡大觉，吃进去的食物基本会在树懒的体内待上一个月甚至更长时间，才会被消化掉。这么一来，树懒的排泄次数也非常少，新陈代谢活动极其缓慢。

树懒的移动速度非常慢，每迈出一步就需要大量时间，是世界上动作最慢的哺乳动物。正因为这一特性，树懒对危险力的感知判断也异常迟钝。不过这也难不倒它，因为真正遇到危险的时候，它甚至懒得抵抗。

• 懒“人”也有懒福

懒到让人叹为观止的树懒几乎成了时下年轻人的偶像，然而树懒这些行为背后也有它自己的“科学道理”。

由于树懒“懒”得动，天天一动不动地倒挂在树上，一些藻类、地衣等植物的孢子会在树懒的体毛中生根发芽、大量生长，使它原本褐色的体毛变成绿色，很容易隐藏在大树上，视力不太好的天敌基本发现不了。

此外，树懒缺乏运动，肌肉很少。除非万不得已，捕食者也不会耗费精力去捕食树懒这种难吃又没什么口感的动物来充饥。

所以，树懒的“懒”也不过是人们看到的表象而已，背后隐藏着树懒的生存智慧。

小揭秘

树懒通常一周排便一次，但每一次排便都要“艰苦跋涉”地爬到树下。下树过程不仅会耗费大量体力，也会极大地增加树懒被天敌猎食的风险。据悉，有超50%的树懒死在了拉屎的途中。

3. 睡觉姿势千奇百怪的动物

在野外生存时，保证安全是第一要务。除了吃喝拉撒，睡觉也是生物的基本需求之一。因此，在竞争激烈的环境中，动物逐渐演化出千奇百怪的睡眠习惯。很多生物的睡觉姿势其实不过是防御策略的表现，也和它们的生活习惯、生存环境有着密切的关系。

○ 马和大象会站着睡觉

人类在睡眠时通常会选择卧倒，放松四肢和全身肌肉，以便更好地进入松弛状态。然而一些动物在睡觉时却跟人类相反，它们往往要通过站立的方式来获得睡眠，比如大象、马、牛、长颈鹿等。

这也是这些动物的一项本能。在野外生活时，它们需要保持警觉，以应对潜在的危险。站立睡觉，可以让它们更快地从休息状态转

大象在睡觉时是站立的，如果遇到危险，它们可以随时进入防御状态。

变为警觉状态。如果感觉到威胁或危险，它们可以立即做出适当的反应，例如逃跑或防御。同时，这类动物的身体结构和肌肉系统能使它们长时间保持站立姿势，膝盖锁定在适当的位置，因此它们不必依靠肌肉来保持睡眠状态。不过它们也并非始终都是站着睡觉，在安全和放松的环境中，它们可能会选择躺下来休息，以获得更深的睡眠。

○ 海豚在睡觉时有一半大脑清醒

海豚是一种生活在海洋中的哺乳动物，它们具有超高的智商和灵活的身体，被认为是海洋中最聪明的动物之一。

海豚有一种非常特殊的睡眠方法，叫作“半脑入睡”。这种模式下，海豚只有部分脑细胞进入睡眠，而另外的部分仍然清醒。具体来说，它们的大脑分成两个半球，分别控制左右的身体和感官，所以海豚可以在睡觉的时候保持警觉，防止沉入深海中或者被掠食者威胁。

不仅是鲸类动物，许多鸟类，尤其是候鸟，也是这种入睡方法。与候鸟不同，海豚睡觉的时间都不会很长，而且会闭上一只眼睛入睡。

❍ 抹香鲸以“垂直尸体状”入睡

抹香鲸体长可达18米，体重超过50吨，是群居性的海洋巨兽。抹香鲸的睡觉姿势听起来可能有点“惊悚”，它们会像巨大的浮木一样，头部向上，竖立在海水中，一动不动。

其实抹香鲸的睡眠原理跟海豚是一样的，也属于“半脑入睡”。在这个状态下，它们虽然睁着一只眼，但也能维持一些基本的身体机能。所以抹香鲸睡觉时身体不会下沉，会有半侧大脑控制身体出水呼吸。

小揭秘

抹香鲸一生中只有7%的时间睡觉，而且每次只睡10到15分钟，是已知的哺乳动物中睡眠最少的一种。

抹香鲸在睡觉时会直立身体，仅留半个大脑控制身体出水呼吸。

❍ 海象会“轮岗制睡眠”

海象大部分时间都在睡觉，每天的睡眠时间可长达20个小时，但它们仍然保持着强烈的防卫本能。在睡觉时，海象采用轮流值岗的做法，每只海象都会有一段时期处于警觉状态，以便随时察觉和应对潜在的危险。如果一只海象在值班期间感知到威胁，它会立即发出吼叫声或其他警示信号，唤醒周围的同伴，帮助它们一起逃离危险。

❍ 蝙蝠倒挂身体入睡

蝙蝠通常会倒挂在洞穴、树洞或者建筑物的暗角中睡觉。这些地方空间有限，倒挂可以让蝙蝠将身体悬挂在空中，占据的空间较小，从而节省了宝贵的居住和休息空间。同时，倒挂着睡觉可以帮助蝙蝠避免一些掠食者的威胁。许多掠食者习惯在地面或者树上寻找猎物，很少会想到空中有蝙蝠。通过倒挂睡觉，蝙蝠可以将自己置于掠食者觅食范围之外，提高了自己的安全性。

❍ 火烈鸟会单脚站立睡觉

许多鸟类都会采取单脚站立的方式休息或睡觉。这些鸟类的腿部肌肉强健，脚趾弯曲且具有坚固的直爪。这些特征使它们能够在站立状态下保持身体的稳定性，而且可以避免体温过低，遇到潜在威胁时也可以迅速逃跑。

蝙蝠喜欢倒挂在洞穴中休息，大大降低掠食者的威胁。

火烈鸟腿部肌肉强壮，睡觉时会单脚站立，遇到危险时可以迅速逃跑。

4.别出心裁的求偶大作战

❍ 生物的求偶行为

生物的求偶行为，是指生物寻求配偶进而交配的行为。它们的求偶方式有很多种，比如某些雌性昆虫能分泌有气味的物质以吸引远处的雄性；蛙类会通过鸣叫求偶；鸟类则会通过复杂的舞蹈动作来求偶。地球上凡有两性区别的动物都需要有求偶行为，其最终目的是两性繁殖、培育后代。

○ 别出心裁的求偶方式

动物的求偶方式有很多种，根据物种的不同，求偶的方式也是五花八门。总结起来，大概有以下几种类型。

突出性别特征：许多动物在求偶时会刻意展现出自己身体中最美丽夺目的一面，试图以“颜值”来吸引异性的注意。比如红腹锦鸡在求偶时会浓重展示自己华丽的羽毛，还会在雌鸟面前环绕跳舞、扭动身体，直到获得对方的青睐。

声音或信息素传播：某些动物会在求偶期间发出一些特定的声音或者信息素来吸引异性关注。比如雄性图蛙会聚集在浅水池塘中叫唤，吸引雌性。不过，如果一只雄蛙在另一只雄蛙的领域内发出叫声，那么可能会引发两者之间的竞争。信息素则是动物体内分泌的特殊物质，比如雄性林麝在交配期会发出一种独特的麝香，雌性林麝在闻到香味后会被吸引，进而与雄性林麝结成配偶。

力量展示：在自然界里，最常见、最简单的求偶方式便是真刀真枪地打一架，毕竟弱肉强食向来就是自然界的主旋律。因此，在交配期间，雄性动物之间会绞尽脑汁地在雌性动物面前展现自己“强壮”的一面，以胜利者的姿态获得异性的欢心。

花样炫技：有些动物在求偶时会展现自己独特的技能来吸引对方的注意力，比如鹦鹉会在异性面前大炫“舞技”，黑线鳕鱼在求偶时

动物之间也会为了自己“心仪的对象”而大打出手。

雄孔雀在求偶时会展开色泽艳丽的尾屏，还会做出舞蹈动作，向雌孔雀炫耀自己的美丽。

会发出一种类似鼓声的声音，极尽能力获取异性的芳心。

送礼：并非只有人类在追求另一半时会用礼物来讨得对方欢心，动物中的“情场高手”亦不在少数。海豚会在求偶时叼着木棍、海藻或者小石子来征得异性的关注，而雄性燕鸥在上门“提亲”时，会带上几只刚捕猎的小鱼作为“聘礼”。

○ 求偶动物里的“显眼包”们

• 海扁虫——虽然雌雄同体，但谁都想当爹

海扁虫是一种海洋软体动物，外观上有些像海蛞蝓，身体扁宽，像舞动的海带一样。

海扁虫是一种雌雄同体的动物，每只海扁虫同时拥有雄性和雌性两套生殖器官。不过它们在繁殖时，只能靠异体受精。海扁虫身上唯一的武器就是位于尾端腹部中间的雄性生殖器，这两个生殖器官看起来就像是一对凸起的尖刺一样。在繁殖期，谁能把率先将精子注入到对方体内，谁就能摆脱当“妈”的命运。

所以对海扁虫来说，自己到底是能当“爹”还是当“妈”，完全取决于双方的“速度”。处于繁殖期的两只海扁虫一方面会想方设法扎入对方体内完成授精，一方面还需要提防着对面的生殖器扎到自己，不然承担生育责任的就要变成自己了。

海扁虫属于雌雄同体生物，靓丽的外表是它们的保护色，能让敌人望而生畏。

- **螳螂——在交配时咬断配偶的脑袋**

所有同类相食的物种之中，螳螂绝对最广为人知。一些雌性螳螂确实会在交配时吃掉伴侣的头部或者其他部位，不过这种情况发生的概率通常只有不到20%，而且是在雌性螳螂情绪不好或者感到体力不支的时候。有研究表明，雌性动物吃掉配偶是为了补充体力和能量，为自己产卵做准备，这一行为被称为“性食同类”。

小揭秘

除了螳螂，黑寡妇蜘蛛、山艾草蟋蟀、章鱼、蝎子等动物也会在求偶期出现同类相食的行为。科学研究表明，“性食同类”的现象多发生在蛛形纲动物身上。

• 袋鼬——“自杀式”求偶

在自然界里，一些单次繁殖的动物（比如蜉蝣、鲑鱼）都是“自杀式繁殖”的代表，不过这类生物的生命周期都比较短。

然而澳大利亚有一种袋鼬，为了完成繁衍任务，它们会不顾一切行走狂奔，在行进过程中寻找适合交配的异性，为此不惜牺牲睡眠和休息，为交配留存更充裕的时间。

由于长时间的睡眠剥夺，雄性袋鼬可能更容易受到捕食者的攻击，也更容易在奔走过程中发生意外，进而感染死亡。有统计数据表明，雄性袋鼬的生命周期只有雌性袋鼬的四分之一。

雄性袋鼬在交配后大多数都会死去，为后代繁衍献出生命。

5. 天生的怪咖们

虽然达尔文的《进化论》对于大多数生物而言都是适用的，但总有那么一些动物天生存在着一些奇特属性，与周围的一切都格格不入。

● 欧非肋突螈：肋骨从两侧穿出

在弱肉强食的大自然中，为了生存下去，许多动物会采取防御措施。但有一些动物的防御措施或许会让人感到非常意外，例如欧非肋突螈。

欧非肋突螈有一种奇怪的行为——将肋骨从侧面身体里穿出。而这种奇怪的行为就是一种防御机制，这种机制对其本身伤害很小。它还会从身体上的特殊腺体分泌毒素，被毒素包裹的肋骨形成了一种非常有效的防御机制。

对于许多野生动物来说这的确是个威胁，但这种机制对人类却

欧非肋突螈背面覆盖着小疣，通体为灰色或棕色，背侧排有黄橙色疣，肋骨可以穿过突出。

是无害的。虽然肋骨穿破了身体，可欧非肋突螈同样拥有强大的再生能力，它的肋骨和身体都会重新生长起来。

• 乌鸦：躺在蚂蚁巢穴上，鼓励蚂蚁爬上身体

乌鸦是相当聪明的一种动物，它们能够记住人脸，还能模仿其他动物的声音。不过，乌鸦还有一个小小的怪癖——它们会躺在蚂蚁巢穴上，任由蚂蚁在自己身上爬行。

其实乌鸦这么做是为了让蚂蚁给自己“洗澡”。蚂蚁等蚁科体内含有一种有效的化学物质，可以杀死乌鸦身上的寄生虫和细菌。虽然蚂蚁的叮咬可能会带来某些刺痛，但有一些研究表明，乌鸦也可能从这样的刺痛中获得乐趣。

• 蚓螈：用自己的皮肤喂孩子

从外观上看，蚓螈就像一条蛇一样，但它其实是类似于青蛙的两栖动物。

蚓螈有着一个非常奇怪的行为：在小蚓螈出生了以后，它们会额外生长一层富含营养和脂肪的皮肤供孩子食用，幼蚓螈会使用形状有点像钩子的牙齿，刮下母亲的皮肤，达到进食目的。

• 猎蝽：把猎物尸体当衣服穿

猎蝽是一种非常奇怪的生物，它会将猎杀的动物尸体当成衣服穿在自己身上。

猎蝽在捕食时会用长长的下颌骨捕捉猎物，并注射一种毒素，使猎物瞬间瘫痪，再溶解其内脏。在进食完溶解的内脏以后，猎蝽会利用外骨骼上的黏性分泌物，将尸体顶到背上。随着进食次数的增多，猎蝽背上的尸体不断累积，看起来就好像背着壳一样。其实它们这种奇怪的行为是为了进行伪装，因为被猎杀的动物气味会掩盖它原本的气味，可以避免猎蝽被掠食者发现。

• 沙漠穹蛛：消化内脏给孩子进食

与蚓螈类似，沙漠穹蛛在喂养后代时可以舍去自己的生命。

沙漠穹蛛具有非凡的消化系统，当它们孵化出了小蜘蛛以后，就会消化自己的身体，并以反流的方式为它的后代提供食物。不过，它

猎蝽是半翅目猎蝽科昆虫的统称，喜欢将小动物的尸体黏附在背上行走，因此有“行走的垃圾站”和“昆虫刺客”等称号。

们会暂时保留重要器官，让自己还能够存活下去。不过随着时间的推移，当所有能够消化的内脏都消耗殆尽时，沙漠穹蛛的生命也走到了尽头，最终只剩下一个外壳。

6. 卖萌或搞怪，动物界的顶流大明星

随着互联网的普及，越来越多的新鲜事物出现在人们的视野中，一些平日里不太熟悉的动物也因其独特的个性或出众的特点被网友们熟知和喜爱。随着越来越多“动物表情包”和相关短视频的出现，不少动物都在网络爆火，成为了社交平台的新晋网红，还衍生出许多周边产品。

○ 企鹅Rara——网红鼻祖，憨态可掬

上世纪90年代，日本鹿儿岛的一户人家在捕鱼过程中救助了一只重伤的企鹅。为了疗伤，他们把它带回家，并给它取名叫Rara。说起来，Rara可是网红中的鼻祖，早些年在鹿儿岛可是家喻户晓，因为它有一项特别的技能——独自背着书包出门买小鱼干。

每天早上，主人会为Rara背上背包，然后独自出发，到离家一公里远的鱼店。

Rara是鱼店的老顾客了，鱼店老板会将做好的鱼干放进Rara的背包，拉上拉链后，它才满意地离开。Rara一摇一摆的样子，再加上毛茸茸的背包，俘获不少网友的心。

背书包的企鹅Rara是早期的网红鼻祖。

“平头哥”蜜獾——生死看淡，不服就干

在辽阔广袤、危险重重的非洲大陆，“平头哥”蜜獾可谓声名在外，连“草原之王”狮子有时都不得不让它三分。这位大名鼎鼎的动物，还曾被吉尼斯纪录评为“最无所畏惧”的动物，堪称动物界的“超级网红”。

蜜獾是陆地上最大胆无畏的家伙，生性勇猛，似乎谁都不敢招惹。它对世界充满了好奇，而且一切都敢尝试。它能把毒蛇当“辣条”，把豪猪当“小弟”收拾，疯起来连狮子、豹子都敢招惹。

蜜獾被誉为“最无所畏惧”的动物，毒蛇不过是它手中的小小“辣条”而已。

○ 不爽猫——天生臭脸，看你就不爽

不爽猫，又名暴躁猫，出生时患有侏儒症和反颌症，以至于它总是一副很不爽的表情，从而走红网络。

不爽猫是2012年走红的喵星人，原名叫塔妲·索斯（Tardar Sauce），是猫咪网络推手、好莱坞经纪人拉希什的明星客户。

不爽猫因为天生臭脸而引人追捧，它的主人通过图书出版、饮料推销等方式，获得多达640万英镑的收益，甚至配有专属经纪人为它安排“档期”。可惜的是，据英国《每日邮报》报道，2019年5月17日，不爽猫去世，享年7岁。

不爽猫天生一张臭脸，这让它获得了无数网友的青睐。

○ 鸡中巨人——梅拉克利

据英国《每日邮报》报道，一只名为梅拉克利（Merakli）的婆罗门公鸡在围栏里昂首阔步的视频在网上走红。它住在科索沃的一个农场里，身高约1米，体重达7.7公斤。网友在网上看到梅拉克利的视频的时候，甚至不相信它是一只真的公鸡，认为它是一个男人穿着公鸡服装装扮而成的。鸡的主人表示，梅拉克利可能是世界上最大的公鸡，这种鸡一般体重都达到了5.5公斤。

梅拉克利虽然看起来十分威武，但实际上它是一只十分可爱和快乐的鸡。和其他鸡的命运不同，梅拉克利每天的生活就是吃喝拉撒，然后带着两只母鸡到处去晃悠。由于它威武的外形，主人将它照顾得很好。

❍ 鹦鹉“雪球”——魔性舞步，风靡全网

鹦鹉是世界上最会模仿人类说话的动物，但鹦鹉“雪球”的走红却不是因为它的语言天赋，而是它极具“魔性”的舞步。当主人将这只12岁的鹦鹉跟着两首舞曲跳舞的样子上传至网络后，“雪球”就开始走红网络了。

网红“雪球”不仅能随着音乐摇摆，还有着属于自己的魔鬼步伐——点头、摇头、跺脚，甚至还会用身体的其他部位创造一些新的动作。有学者在看过视频后表示，这一发现可能对动物智力的研究有着深远影响，说明舞蹈从来都不是人类的专属。

第四章

记忆、模仿不在话下

——媲美人类的优秀大脑

1.动物的超强大脑

○ 动物的智力

一般情况下，智力都是人的认知、知识和能力。简单来说，智力是指生物认识和理解客观事物，再运用知识和经验解决出现的相关问题的能力。

在大自然中，生存是需要适应环境的，于是动物的智力也包含了通过改变而更好地适应环境的能力。

自然界有不少动物表现出媲美人类的优秀智力。

动物的智力是指动物根据个体

生活经验而改变行为，适应新环境或解决新问题的能力。它们拥有的只是广泛意义上的智力，即基本的知觉与意识，表现出的能力是对于生存环境的适应。不过，虽说动物只具备基本的知觉和意识，还无法发展出更高层次的精神文明，但自然界的确有不少动物表现出足以媲美人类的优秀智力。

○ 脑容量越大，智力越高吗

大脑是生物已知最复杂的器官之一。动物们的大脑不仅在整体上各个物种之间存在差异，而且动物的大脑重量占体重的比例也不尽相同。那么，脑容量的大小跟智力有直接关系吗？

一般来说，如果动物拥有越大的脑容量，那么可以合理推断，它们应该可以应对和处理比较复杂的外界信息，也可能会有更为复杂的动物行为。不过，虽然脑容量在一定程度上会影响智力，但并非智力的决定性因素。蓝鲸的大脑体积比人脑大得多，但智力不及人类。

此外，大脑的体积与其身体的大小有关。身体越大，需要控制行动的大脑部分就越大。因此，用大脑体积与身体体积的比值（即相对脑容量）来衡量动物的聪明程度，则更为准确。不过，这个指标很容易受到物种体重的影响。因为同一生物的大脑体积通常不会有太大的变化，但体重却很容易改变。比如一只动物变胖了，它的相对脑容量就会变小，但它的智力却不会因为它变胖或者变瘦而改变。因此，

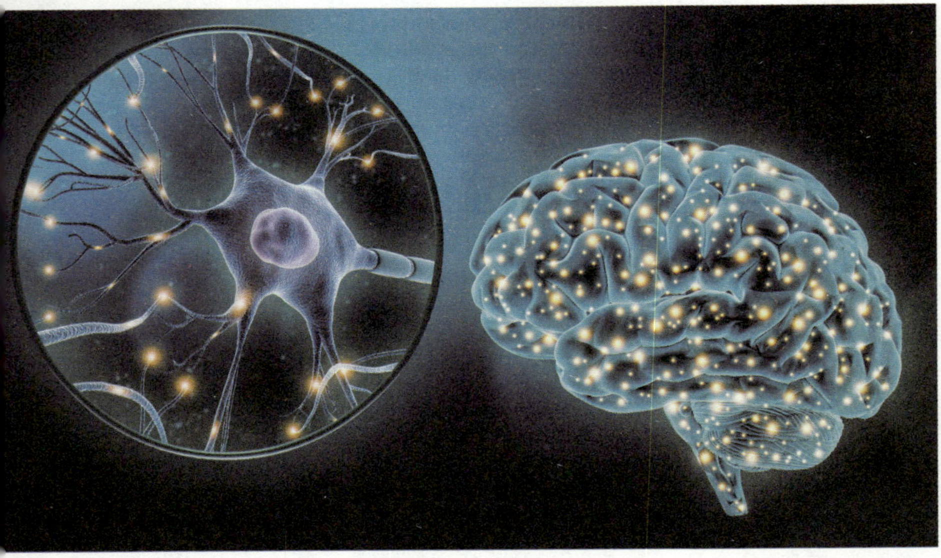

人类约有120亿个神经元，而大象的神经元是人类的3倍还多。

这个指标并不适用于同一个物种的比较。

动物的神经元也是衡量动物智力的一个基本指标，但并不是神经元越多，动物就会越聪明。比如人的大脑皮层约含有1到2百万个柱，每一个柱内有1万个左右的神经元。而大象的神经元是人类的3倍之多，章鱼大概有5亿个，但章鱼的智力却比大象要强得多。

○ 为什么动物没有进化出更大的大脑

如果进化使人类更聪明，那么动物的进化也会使它们更聪明吗？

为什么动物没有进化出更大的大脑？又是什么阻止了动物的进化？

动物如果想拥有更大的身体，则意味着需要控制的范围更多。顶级捕食者往往需要更复杂的行为，比如能够高效地捕猎猎物，如果拥有更高级别的大脑，那么它们也会从捕猎中受益。

然而大脑是动物体内最消耗能量的器官，如果大脑容量增加，动物的其他器官则必须付出相应的代价。科学家发现，虽然动物确实可以通过增加大脑的大小变得更聪明，但它们可能会付出繁殖能力下降的代价。在漫长的进化过程中，正是这种“代价”，限制了动物大脑容量的增长。

科学家们选择了体型相对较小的孔雀鱼，并将它们与较大的鱼分开。两代之后，两只鱼的大脑容量差异已经达到9%。智力测验显示，脑容量大的雌性孔雀鱼比脑容量小的雌性孔雀鱼更聪明，但雄性孔雀鱼没有这种智力差异。

同时，研究人员发现，动物大脑容量的增加是有代价的。无论是雌性还是雄性，脑容量大的孔雀鱼的肠道相对较小，其生殖能力相对较弱，生育的后代数量比大脑容量小的孔雀鱼少约五分之一。这一理论在猴子身上也得到了证实。实验证明，猴子大脑的脑容量增加的同时也限制了肠道的发育。

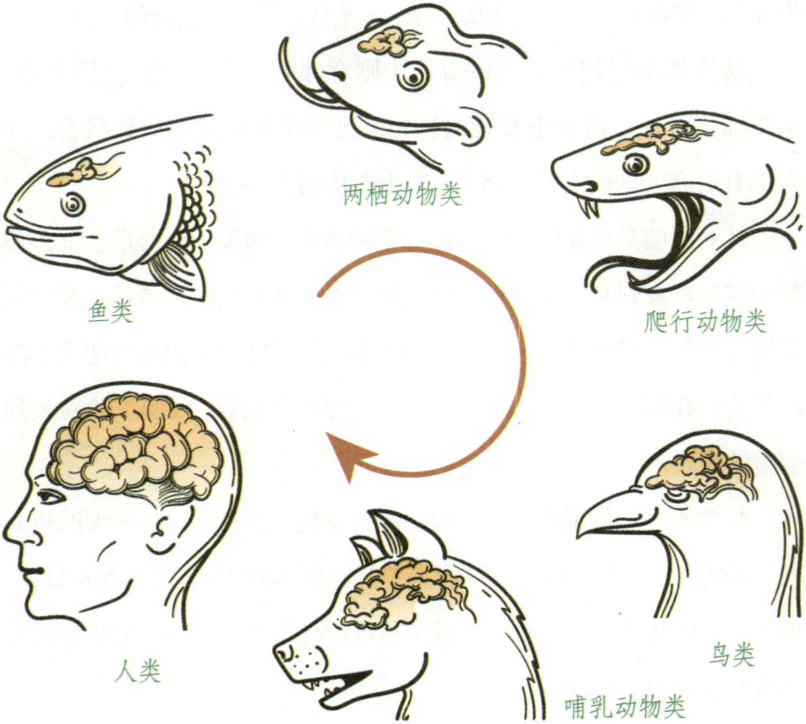

自然界各种生物的大脑对比。

❍ 动物大脑的冷知识

• 抹香鲸有世界上最大的脑子

抹香鲸的大脑平均重约18公斤，但它们的身体重达45吨，大脑与身体的重量比为1∶5100。

• 乌贼的大脑像个甜甜圈

由于乌贼大脑的特殊结构，它们的食道可以直接通过一个洞连接大脑。因此，乌贼需要把食物咬成小块，方便食物通过食道。如果食物太大，可能会刮伤大脑并造成伤害。

• 水蛭的大脑有32个神经节

对于人类来说，水蛭是一种可怕又神奇的动物。它们吸吮我们的血液，也能帮助我们清理受感染的伤口。它们看起来只有一个大脑，但是它们的大脑由32个神经节组成，这意味着它们也能发挥32个大脑的作用。

• 海鞘吃自己的大脑

海鞘是两性动物，蝌蚪状的幼虫分散到各处，寻找栖息之所。海鞘在幼体阶段与爬行动物和哺乳动物有相同的解剖特点，但是随着成长，它们会吃掉自己控制运动的脑神经节来生存下去。

• 海豚的大脑比人类的大

海豚的大脑皮层比人类的更为复杂。按神经组织分析，海豚与人类都拥有心理变化。研究显示，海豚（尤其是瓶鼻海豚）的智商很高，它们拥有独特的个性，拥有自我观念，甚至能为将来做打算。

海鞘已存活5.4亿年，是地球上进化程度最高的无脊椎动物。

• 蚂蚁的大脑被寄生真菌操控

蚂蚁容易被冬虫夏草真菌所感染，吃掉蚂蚁的非重要器官，并把它们变成行尸走肉。其细丝成长为蚂蚁的大脑，操纵它们的行为，促使蚂蚁爬上附近植物的顶部。然后真菌会杀死蚂蚁，以蘑菇的形式从它的头部发芽。

• 三刺鱼的大脑雌雄不平等

雄性三刺鱼要比雌性三刺鱼聪明很多。有研究人员推测，这可能是由于雄性三刺鱼的角色更具挑战性，它们筑巢、求偶、抵抗外敌和照顾幼小，而雌性只需要选择伴侣和产卵。

• 线虫的大脑虽小但很强大

秀丽隐杆线虫的大脑只有302个神经元，但它具有与高等生物的神经系统相同的功能，它是现代生物学研究中不可或缺的工具，在人类遗传学、发育生物学、神经科学以及人类疾病研究等多个领域中发挥着重要作用。

• 海星没有位于中心的大脑

海星的身体构造非常迷人。海星用海水来输送体内的营养物质。它的中枢神经系统都分布于触角上，严格来说，它没有位于中心部分的大脑。

- **蜘蛛的大脑遍布全身**

蜘蛛的头部已经没有空间承载大脑，所有多余的大脑就会分布到蜘蛛的腿上。科学家认为，这可能就是蜘蛛的织网能力惊人的原因。

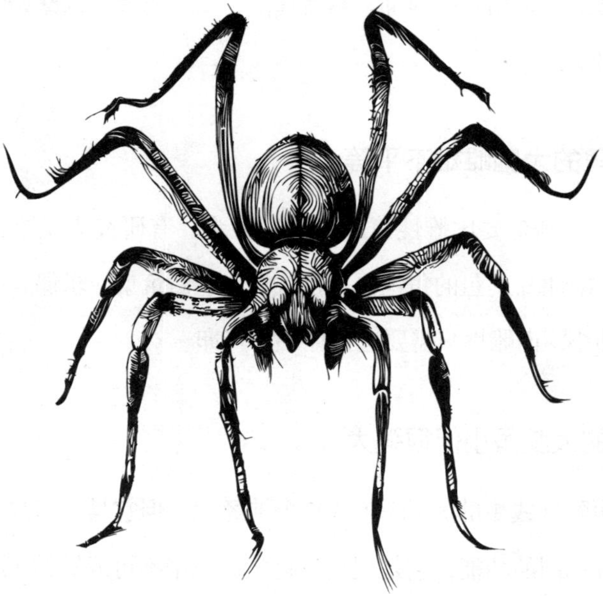

蜘蛛的大脑细如针尖，但是遍布全身，甚至延伸到了腿部。

2.如何测验动物的智力

动物智力一直是科学家的重要研究课题。通过智力测试，人类可以增进对动物的认知和学习能力的了解，对动物研究有着重要的意义。在过去一百多年里，科学家试图找出一套科学合理的方法，来测试动物们的智力水平。然而动物不能像人类一样学习和考试，因此测试动物的智力还需要特定的标准和方法。

○ 不受控的动物们

想要动物们配合测试，科学家们首先要在测验之前对动物进行考前培训，逐渐培养动物的答题习惯。

动物答题训练中，最常见的方式就是给予食物奖励了。比如每当动物们完成一项完整的测试时，它们就能得到喜爱的食物作为奖励。

在这个阶段，只要坚持让动物们在完成测试后就得到奖励，就能引导动物养成答题的好习惯。

完成上一阶段的目标后，获得奖励的难度便需要升级。这一阶段，动物们就需要凭“本事”挣奖励了。

❍ 动物专属的智力测试实验

智力涵盖了多种认知能力，最常见的认知能力科目包括记忆力、时空感知能力、注意力、推理能力、概念认知等。科学家一般会通过行为实验法、追踪实验法、启示学习法、认知映射法等方面来设计答题游戏，测试动物的智力。

• 脑化指数

脑化指数是动物的大脑占其身体的比重。比重越大越聪明，反之越低。科学家们通常把猫的脑化指数定为1，以此作为衡量标准。脑化指数虽然直观，但受体重影响太大，仅适用于哺乳动物，所以只能作为参考之一。

• 镜像测试

自我认知是高智商的一种表现，人类也只有在一岁半的时候才具备自我认知能力。

镜像测试是动物自我认知能力的测试，它用来判断动物是否有能力辨别自己在镜子中的影像。这个测试只有“通过”跟“不通过”两种结果，没有办法用来量化动物的思维反应。

目前动物中拥有自我认知能力的非常少，哺乳动物中有类人猿、大象、海豚等。只有两种非哺乳动物具备自我认知能力，即喜鹊和裂唇鱼。

镜像测试是为了考验动物是否有自我认知能力。

- **迷宫测试**

这是动物智力测试中的一种经典测试方法，可以考验动物的综合能力、记忆力和空间推理能力。科学家将动物们走出迷宫所需要的时间长短，来初步判断不同物种的智力高低。

科学家会把动物放在迷宫里，在出口或特定地方放置它喜欢吃的食物，测试它们需要多长时间能找到。需要的时间越短，说明智商越高，反之越低。

迷宫测试是一个物种整体能力的表现，与其综合能力的强弱有很大关系。目前已知所有脊椎动物都能通过迷宫测试，非脊柱动物里的一些昆虫走出迷宫的速度甚至超过人类，而蚂蚁更是其中的佼佼者。

• 灵长类动物认知能力综合测试

灵长类认知能力综合测试（PCTB）囊括了各个科目的知识点。它全面考查动物们的综合素质，考试时间也更长。这项测试不仅被广泛用于灵长类动物，还被改良推广到了鸟类以及其他非灵长类哺乳动物，比如鹦鹉和狗。

大部分灵长类动物的智力相当于人类3~4岁左右的儿童。大猩猩的大脑与人脑最为接近，成年大猩猩的智力水平相当于人类的3~6岁儿童。

PCTB试题包括心理和物理层面。物理层面有空间、数量、因果推理三个大方向。心理层面包括社会学习、沟通、心智。科学家们通过这套测试，可以把动物行为和多个认知标准关联，能够更全面地了解动物的认知水平。

不过，这项测试流程烦琐、费时费力，对动物数量和实验范式设计要求都较高。

- **学习测试**

学习测试考验的是动物们的学习能力。这个测试能考验动物能不能快速学会并且理解人类的声音指令或手势。比如人类在测试时发现非洲灰鹦鹉不仅能学会人类的单词，还能理解单词的意思，甚至可以组合单词来表达意见。

- **陷阱管道测试**

这种测试多用于乌鸦和灵长类动物。比如科学家会在大猩猩的饲养笼里放置一根透明管道，管道两端连通饲养笼的两侧。不过管道一侧下方有一个陷阱，猩猩们需要借助棍子才能从管道中取出食物。大猩猩在笼内自由活动时，可以从管道两端伸入木棍来获取中间的食物。如果食物掉进陷阱，被测试者就只有干着急了。陷阱管道测试可以同时检测动物的推理能力和解决问题的能力。

- **“封盖抽屉”测试**

这是一种针对乌鸦的测试。科学家们为乌鸦量身定制了一个小抽屉，抽屉的侧面用“把嘴”代替把手。乌鸦需要用嘴叼住抽屉侧面的圆环并后退抽出，才能获得食物。这种测试主要是看乌鸦能不能自学成才、掌握抽屉的用法。

• 延迟反应测试

除了各类迷宫，记忆力学科测试还包括延迟反应测试。它主要通过动物在一段特定时间内不再出现的某种刺激作出反应的记忆实验，来检测动物的短期记忆能力。比如被试动物们会收到一个信号（比如声音和光），每个信号对应一种获取奖励的条件。在一定的时间内，当这种信号不再出现，看看动物是否还能取得奖励。延缓期越长，说明该动物的记忆能力越强。

• 数量识别测试

数量识别测试可以判断动物对数量的敏感度。动物虽然无法识别阿拉伯数字，但很多动物都能识别和比较数量的多少，有些聪明的动物还能计算简单的加减法。

○ 猫和狗的智力比较

猫和狗都是最受人类欢迎的动物。多年来，人类就猫和狗谁的智力更高的问题一直争执不休。近些年来，有科学家利用科学测试方法，对它们进行了一组有趣的比较实验。

首先，来自美国、丹麦等6个国家的科研团队对猫、狗等动物大脑中的神经元数量进行了计算，并发表在了《神经解剖学前沿》杂志上。研究数据显示，狗大脑皮层的神经元数量平均是5.28亿个，金毛猎犬这一犬种的数值更高，为6.27亿个，而猫只有2.5亿个。

其次，根据公开数据，狗的平均脑容量为64克，而猫只有25克。不过狗的体重比猫要重，所以二者的脑化指数基本可以持平。

在镜像测试中，猫和狗都无法通过，所以这一项平手。

迷宫实验中，狗能顺利回到终点，而猫却因为不配合试验而被淘汰出局。

听力测试中，猫的听觉范围在45到6.4万赫兹之间，而狗的听觉范围在67到4.5万赫兹之间。

从试验结果来看，狗确实略胜猫一筹。但动物的智商实际上会比测试更加复杂，单一的测试结果也不一定能完全反映出整个族群的水平。不管何种结果，猫和狗在人类心中的地位都无法取代。

多年来，人类就猫和狗谁的智力更高的问题一直争执不休。

3. 动物也懂延迟满足

越是跟人类接近的动物，延迟满足的能力就越强。科学研究者以前一直以为这是灵长类特有的能力，但伍兹霍尔海洋生物学实验室在其他动物身上做了关于延迟满足的研究，发现有些动物也具有很强的自控力。

○ 伍兹霍尔海洋生物学实验室

伍兹霍尔海洋生物学实验室（Marine Biological Laboratory）成立于1888年，位于美国马萨诸塞州法尔茅斯镇的伍兹霍尔（Woods Hole），是世界著名的生命科学研究及教学中心。2013年7月1日起，该实验室正式成为芝加哥大学的附属实验室。

伍兹霍尔具有丰富的海洋生物资源。多年来，伍兹霍尔海洋生物学实验室利用该资源优势，致力于生物学的研究和发展，并向世界培养了多位杰出的人才，不少著名学者如托马斯·亨特·摩尔根都曾经就职于该实验室。自成立以来，该实验室共产生了六十多位诺贝尔奖得主和数百位美国国家科学院院士等，它也是当今世界上最大、最有影响的海洋生物实验工作站。

2021年，该实验室在《英国皇家学会学报B》杂志上发表了一项研究成果。该实验的主要研究人员是头足类动物行为学专家亚历山德拉·施耐尔，他带领团队在乌贼身上做了一次改良版本的“棉花糖实验”。

○ 棉花糖实验

1972年，斯坦福大学的心理学家进行了一项著名的儿童心理实验。实验人员会特意设置某种奖励（比如棉花糖），调查儿童控制自己欲望的能力。在这个实验中，研究人员告诉孩子们：盘里有一个棉花糖，如果立即吃的话就只能吃一个，如果等待一段时间就有额外奖励，可以吃两个。

研究结果显示，自制力强的孩子会选择延迟满足，等到约定时间再吃棉花糖。

棉花糖实验是心理学上关于儿童自我控制力的一个经典实验。能够更好地抵制住棉花糖诱惑的孩子，被认为具备更好的自我控制力。

自制力是一种抵御诱惑、为了争取更好但延迟的奖励的能力。这是一项重要的认知技能，是决策和计划的基础。一般来说，智力越高，自我控制力就越强。自制力越强，往往越容易取得成功。

为了检测动物是否跟人类一样拥有自制力，研究人员将研究对象锁定在松鸦身上。

松鸦是一种森林鸟类，又名樫鸟，是一种广泛分布在欧亚大陆的鸦科动物。松鸦的智商很高，与乌鸦同属鸦科动物，被誉为“有羽毛的类人猿”。它们的认知能力与灵长类动物不相上下，有着极强的自我控制力。

伍兹霍尔海洋生物学实验室的研究人员对松鸦也进行了一项“棉花糖实验”。研究人员对10只松鸦的自我控制能力进行了测试。只不过给松鸦的奖品不是棉花糖，而是根据松鸦喜爱的食物程度，依次分为虫类、面包和奶酪。如果松鸦能抵制面包和奶酪的诱惑，那么奖励便是它们最喜欢吃的虫类。

实验发现，所有的松鸦都成功地等来了自己最爱的虫类食物，而且有些松鸦的等待时间超出所有人的认知。它们不仅能记住自己在何时、何地吃过什么东西，还能为了获得食物奖励，耐心等待50~130秒的时间。那些自我控制力最强的松鸦，在智力测试中得分也最高。

这项研究成果一经发布，便在学术界掀起一场轩然大波。学术界认为，这是生物在进化过程中拥有复杂决策能力的典型阶段，为鸟类的自我控制能力与智力之间存在联系提供了首个证据。

○ 延迟满足现象并非个例

除了松鸦，实验室也选取了其他生物研究对象。实验发现，鹦鹉、乌贼、黑猩猩等拥有相对高智商水平的生物，其实也存在延迟满足的现象。不仅如此，它们甚至还会通过闭上眼睛、分散注意力等方式来完成自己的目标，从而得到更加丰厚的奖励。

众所周知，乌贼与章鱼一样，都是无脊椎动物当中最复杂、最高级的一类动物，在海洋生物中有着与众不同的进攻能力和防卫能力，堪称海洋中的“最强大脑”。

乌贼在棉花糖测试中也表现出出色的自制力，能为了自己最喜欢的食物，耐心等待更长的时间。不过，为什么乌贼会具备这种能力，目前还没有统一的定论。科学家推测，这可能是乌贼的特性来决定的。乌贼需要经过长时间的伪装和等待才能获取食物，在漫长的进化过程中，乌贼的自控能力也随之进化和提高，从而懂得“延迟满足”。

乌鸦是鸟类中的杰出代表，智商相当于人类五岁左右的儿童。除此之外，乌鸦还是一种会使用工具的鸟，其记忆能力、社交能力、创造能力、学习能力都远超其他动物。它们会借助棍棒或树枝来捕捉昆虫，还会用石子来敲开坚果。曾有报道称，乌鸦会将打不开的坚果放置于马路中央，等待车辆碾碎之后，才去取回坚果内部的果肉。

如果碰上红灯，它们甚至会遵守交通规则。研究人员推测，乌鸦的这种能力是因为长期在人类聚居地生活，通过自己的思考和判断，跟人类学习而来。乌鸦得到食物后会有计划地储存起来，为将来做打算——正如人类囤积食物一样，这也是动物延迟满足的一种表现。

除了乌鸦，松鼠也有囤积食物的习惯。有意思的是，为了防止辛苦攒下的食物被偷，松鼠还会专门制作一些假的储藏室当掩护。

不过，所有这些延迟满足的实验测试的都是有名的高智商物种。科学家推测，自控力是所有生物身上都存在的基础能力，只是智力水平不高的话，自控力就明显低下。

乌鸦是鸟类中的杰出代表，智力水平相当于人类3~5岁儿童，能与大猩猩媲美。

4.记忆、模仿、语言、数学：天赋异禀的动物们

长期以来，数字和语言的运用和理解常常被认为是人类的一种独有能力，甚至被视为人类专属的标志，将人类与其他动物区分开来。

实际上这些能力并非人类独有的特征。比如一些动物也会计数，而且动物的数学能力参差不齐，有的动物比其他动物更突出。

为了研究动物的各项能力，几十年来，研究人员设计出了各种实验，帮助确定了包括昆虫在内的一些动物的多种能力，也确定了哪些动物是“个中高手”。

❍ 拥有数学天赋的动物

• 狮子会通过狮吼计算敌人的数量

狮子是非洲草原上的霸主，它们以群体的形式生活和狩猎。狮群之间常常会发生争夺领地和食物的战斗，进攻前，狮子会通过敌人的吼声来识别出有多少敌人，并比较双方参与战斗的狮子数量。

1994年，剑桥大学的动物学家在坦桑尼亚对狮子进行了一项有

狮子会通过吼声来识别出有多少敌人，并计算双方的力量对比。

趣的研究。他们用扬声器播放了不同数量的狮子吼声，并观察了母狮群的反应。实验表明，狮子会通过吼声来识别出有多少敌人，只有在己方占优势时，它们才会发起进攻。这种能力是动物们物竞天择的结果，确保自己的族群能在激烈的竞争中生存下去。

• 猴子、老鼠、鹦鹉、蜜蜂都会计数

自然界的其他生物比如鱼、老鼠、猴子、乌鸦等都有数字概念，还有不同程度的计数能力，乌鸦甚至能够理解“零”的概念。

斯金纳（B.F. Skinner）是20世纪心理学领域中最具影响力的人物之一，其著名的“小白鼠按压杠杆实验”不仅探究了动物行为的操作

条件，还通过实验验证了老鼠的记忆、数学等各方面的能力。

在杠杆测试中，只有老鼠多次按压第一根杠杆，再按压第二根杠杆时，它们才会得到奖励。随着时间的推移，当老鼠逐渐意识到只有按压第一根杠杆为4次、8次甚至12次时才有特殊的奖励后，它们会记住这个规律，并且几乎不会犯错。

在类似实验中，其他脊椎动物比如海豚和鸽子也都已证明了它们的计数本领。猴子能理解1至9的数字概念，还能理解数字之间的关系，比如7比6大。研究人员指出，动物的计数能力是一种进化特征。

目前，研究人员从他们的实验动物身上发现了越来越复杂的数学能力。许多物种不仅可以完成简单的算术，有的动物甚至表现出对“0”这一数字概念的掌握——这个概念看似简单，实际上非常抽象和虚无，年幼的孩子甚至都难以理解。不过，实验表明猴子和蜜蜂都知道如何将0视为一个数量，尽管它们在实际生活中并用不上它。

• 黑猩猩会做分数计算

黑猩猩是跟人类最接近的灵长类动物，也是动物王国里智商排名靠前的动物。

1981年，盖伊·伍德拉夫（Guy Woodruf）和戴维·普雷马克（David Premack）在《自然》上发表的一篇论文引起了轰动。这两位研究员报告说，黑猩猩不仅能知晓数量，甚至还能做分数计算。

除了分数计算之外，黑猩猩还会玩数独。这是一种流行的逻辑游戏，要求玩家在一个9×9的方格中填入数字，使得每一行、每一列和每一个小方格中都包含1到9的所有数字。2007年，日本京都大学的动物学家松沢哲郎和他的团队对一只名叫艾雅的黑猩猩进行了一项实验。他们训练艾雅在触摸屏上玩数独游戏，并且给予它食物奖励。他们发现，艾雅不仅能够理解游戏的规则，还能快速填入正确的数字。就算屏幕上只显示出数字的一小部分，艾雅也能记住其他数字的位置，并完成游戏。

黑猩猩不仅可以识别数量、比较数量、计算数量，还是一种有思想、有感情、有智慧的生命。

○ 动物中的“最强大脑”

• 鹦鹉——口技与模仿专家

鹦鹉可算是动物中最出名的“口技专家”。它们天资聪颖、智商高，以擅长模仿人语闻名，是已知的为数不多可以和人类交流的动物之一，尤其以非洲灰鹦鹉最为出众。

除了鹦鹉，其他鸟类也会模仿同类甚至是大型动物的声音。比如猫头鹰会在夜间发出类似人类啼哭或发笑的声音，以吓退那些“入侵者”。叉尾乌鹃会潜伏在猫鼬等群居物种的巢穴附近，通过模仿猫鼬天敌的警报声将猫鼬吓走，窃走美食。

• 蜜蜂——天才建筑师

蜜蜂蜂房是严格的六角柱状体，它的一端是平整的六角形开口，另一端是封闭的六角菱锥形的底，由三个相同的菱形组成。组成底盘的菱形的钝角为109度28分，所有的锐角为70度32分，这样既坚固又省料。蜂房的巢壁厚0.073毫米，误差极小。从这些数据就可以看出，蜜蜂对数学的运用和计算可谓登峰造极，无愧“天才建筑师”的美称。

蜜蜂堪称动物界的天才建筑师，其蜂房是严格的六角柱状体，既稳定又美观。

• 蜘蛛——几何专家

蜘蛛的“八卦网”既复杂又美丽。这种八角形的几何图案，即使用直尺和圆规也很难画得那样匀称。如果对这个美丽的结构进行数学分析，出现在蜘蛛网上的数学概念真是惊人——半径、弦、平行线段、三角形、全等对应角、对数螺线、悬链线和超越线，真是超级神奇。

• 珊瑚虫——日历小能手

珊瑚虫会在自己的身上记下“日历”，它们每年在自己的体壁上“刻画”出365条斑纹，显然是一天“画”一条。奇怪的是，古生物学家发现，3亿5千万年前的珊瑚虫每年能“画”出400条斑纹。天文学家推测，当时地球一天仅21.9小时，一年不是365天，而是400天。

• 大雁——精准的量角器

大雁总是成群结队迁飞，而且排成“人”字形，“人”字形的角度是110度。这种排列方式有助于它们节省能量并减少空气阻力。这个“人”字形队列的角度一般保持不变，是一个固定的夹角。大雁这种精准的角度控制能力可能是由基因设定的，也可能是经过长时间演化形成的，以优化飞行效率。

大雁是优秀的空中飞行家，飞行队伍一般保持严格的“一”字形或“人”字形。

• 蚂蚁——数学奇才

英国科学家曾做过一个有趣的实验：把一只死蚱蜢切成三块，第二块比第一块大一倍，第三块比第二块大一倍。蚁群在发现这三块食物后，聚集在最小一块蚱蜢处的蚂蚁有28只，第二块有44只，第三块有89只，后一组差不多都较前一组多一倍，几乎成倍数增加。这不仅证明了蚂蚁之间的团队分工协作能力，也是蚂蚁“数学能力”的佐证。此外，蚂蚁还能通过计算太阳的角度和路径的位置，来确定自己要走的方向。在寻找食物时，蚂蚁们总是能够找到通往食物的最短路线，节省时间。

- **蛇——正弦函数运动**

蛇在爬行时的路线是一条正弦函数的曲线。它的脊椎是一节一节连接起来的，节与节之间有较大的活动余地，就像火车一样。如果把每一节的平面坐标固定下来，并以开始点为坐标原点，就会发现蛇是在照着30°、60°和90°的正弦函数曲线有规律地运动的。这种特殊的运动方式其实也是根据蛇的特性进化而来的，既能保证它们在捕猎时的速度，还能保证自己不被对方发现。

○ 高智商动物

- **章鱼**

章鱼虽然是非脊椎动物，但智商堪比灵长类动物。如果把章鱼放在一个罐子里面，再拧上盖子，它们会想办法从里面用吸盘把盖子拧开，这种能力让其他动物望尘莫及。

- **老鼠**

老鼠是唯一一种能独立生活于人类社会的动物，拥有强大的记忆和学习能力，能够通过观察来逃离危险，同样的错误绝不犯第二次。

- **边牧**

边牧是犬类中最聪明的物种，能理解并执行250个以上的命令，智力水平堪比人类3~8岁左右的儿童。狗也是人类驯化得最为成功的一种高智商动物，具有强烈的服从性。

- **非洲灰鹦鹉**

曾经有一位心理学家养了一只叫作Alex的非洲灰鹦鹉。它会说上百个英文单词，与主人可以简单交流，理解数字的概念，甚至还会进行简单的计算。它还有能通过简单的词汇组合，来表达自己的情绪和困惑。

- **乌鸦**

乌鸦是科学家公认的逻辑思维能力和智商最高的鸟类，还会使用工具来达成自己的目的，天生就有超乎其他动物的理解和学习能力。

非洲灰鹦鹉的智商堪比灵长类动物，是鸟类中的佼佼者。

• 大猩猩

大猩猩拥有与人类92%～98%类似的基因，还具有强大的记忆能力，能记住多种数字、符号甚至是手语，并在不同的情境中灵活使用。大猩猩还能用语音和表情进行情感交流，传达自己的需求和愿望。

• 倭黑猩猩

倭黑猩猩是智商最接近人类的类人猿，也是地球上最接近人类的物种。美国著名灵长类生物学家苏·萨维奇·郎博曾让两只倭黑猩猩成功理解了大部分人类的语言。研究表明，它们会用抽象符号表达自己的想法，像人一样思考，有虚构能力，能描述当前环境不存在的物品。

- **非洲象**

非洲象是世界上少数能真正理解死亡的动物。如果象群中有同类去世，它们会表现出伤心和难过的情绪，还会聚在一起为其举办葬礼、轮流跟逝者告别。此外，它们的记忆力也非常好，能通过上百种不同的叫声跟同类交流，有着复杂的社会结构。

- **宽吻海豚**

海豚是人类公认的高智商动物。它们自带声呐系统，还拥有强大的记忆力，会把知识和经验传授给下一代，交流能力、视觉、听觉都非常优秀。值得一提的是，海豚能通过镜像测试，这说明它们拥有较高的自我认知能力。

大象会为去世的同类举行葬礼，象群会依次对逝者进行告别。

5. 恐龙和章鱼能不能进化出高等文明

人类是地球上智力最高的生物，经历了猿人类、原始人类、智人类、现代人类四个阶段，一步一步发展出文明。文明是社会等级发展到高级阶段的产物。迄今为止，地球上的物种之中只有人类发展出了文明。可是地球的生物多种多样，40多亿年的时间里，为什么其他生物没有形成自己的文明呢?

在过往的诸多实验中，人们发现脊椎动物可以让神经高度集中，加快反应速度，是最有可能进化出智力的生物。曾经的“地球霸主”恐龙统治地球时间近2亿年，是地球上存活时间最久的脊椎动物之一。这么漫长的时间里，为什么恐龙没有进化出文明呢?

❍ 恐龙曾是地球“统治者”

文明是人类通往食物链最顶端的过程中所独有的一种状态，需要具备一定的智力和社会结构，它的产生需要极其复杂的条件。

生命进化的方式是为了更好地适应环境。人类之所以在持续进化中，就是因为人类始终面临着生存的压力。这种压力迫使人类学会了使用工具，迫使人类学会耕作、语言交流，最后产生早期的文明。简单来说，人类文明的产生是一个不断演变和进步的过程，是人类通过不断创新和改进、不断适应自然环境和社会需求的结果。

在恐龙生活的时代，地球气候舒适、植物茂盛，生存条件适宜。恐龙又处于地球上的食物链顶端，几乎没有竞争对手。这样的生存环境之下，恐龙自然就没有了进化的需求。恐龙内部之间的相处也相对和谐，不需要文明来维持，也就不需要朝着文明的方向进化。

大脑容量虽然不是评判生物是否聪明的标准，但如果想要进化出高等文明，脑化指数却不能太小。恐龙的大脑与它们的体重完全不成比例，智力非常有限，无法像人类一样具有创造和掌控技术的能力，也就没有足够的先天条件来支持文明的进化。比起大脑，它们多数朝着力量和体型方向在不断进化，提高自己的捕猎能力和生存优势。

恐龙统治地球长达1.7亿年，却没有进化成高等生物，这是多重因素共同影响的结果。

○ 来自“外星”的章鱼

章鱼在地球上生活了约5亿年的时间，进化出了超高的智商。在无脊椎动物家族中，章鱼是最聪明的成员之一。

章鱼是一种海洋软体动物，因为有八条触手，也被叫作“八爪

鱼”。这些触手上都长满了大大小小的吸盘，每个吸盘的拉力可以达到100克。它们根据种类不同，大小相差很大，身体的触手和头部大小比例非常明显。

人类最熟悉的章鱼，也就是饭桌和水族馆常见的普通章鱼。它们多栖息于岩石构成的洞穴或缝隙中，有时候也会选择寄居于其他壳类生物的外壳里，还能像变色龙一样瞬间改变体色，模拟其他生物甚至非生物形态，用来捕猎或者逃避危险。

在无脊椎动物家族中，章鱼是最聪明的成员之一。

章鱼如此聪明，正是因为它拥有9个大脑。位于头部的是它的主大脑，掌管着所有大脑的总体活动方向，相当于“总控开关”。其他8个副脑分别位于它的各个触手上，主要用来单独控制触手的活动，增加它的灵活性。在9个大脑的互相配合之下，章鱼的反应和移动速度明显高于其他生物。而且正因为每一只触手都配备了大脑，所以章鱼的八条触手绝对不会互相缠绕，还可以同时出击，提高效率。

章鱼有9个大脑，这就意味着它们拥有很复杂的记忆系统。复杂的大脑构成就需要用到非常复杂的储存方法。章鱼的大脑里有5亿个神经元，计算能力非常强悍。在遗传基因的自由组合中，章鱼很有可能已经具有了处理这些复杂记忆的能力。

除了高智商的大脑、高超的模仿技术和灵活的身体，章鱼还有着强大的学习和记忆能力。它们可以通过观察和模仿来掌握新技能，并且能记住过去的经历和感受。章鱼甚至还会使用工具，这在无脊椎动物之中非常罕见。

章鱼有9个大脑，其中8个副脑分别位于它的各个触手上。

○ 基因编辑能力

章鱼最厉害的地方在于它可以改变自己的基因。每个生物的DNA上都携带了遗传信息，主要负责遗传信息的储存和传递。DNA再通过转录作用，产生RNA分子，最后由RNA完成遗传信息的转录和蛋白质的合成。

生物学家在研究中发现，章鱼可以在保持自己的DNA不变的前提下，任意编辑自己的RNA。有人指出，或许正是这种特殊的基因编辑能力，让章鱼进化出了特别的触手。也有人认为，这只是进化当中的一种意外，这种编辑能力或许能让章鱼更加聪明，但是也会阻碍DNA的进化。

蛋白质是人类生命活动的基础，而原钙黏蛋白是控制神经元连接的重要媒介。人类只拥有53种原钙黏蛋白，可章鱼体内却有168种原钙黏蛋白。正因如此，章鱼的智力发育非常强大，可以轻而易举地超过其他生物。

即便章鱼如此聪明，但它们跟恐龙一样，并没有创造出自己的文明，这同样也是由于它们的生活环境所造成的。

章鱼并非群居动物，一般都是单独行动。它们各自分开生活，也就没有机会形成稳定的社会结构和组织，从而无法创造出语言和文字。所以，即便单只章鱼再厉害，它的知识和经验也无法有效地进行传播和积累，章鱼群体也缺乏合作和创新的动力。

文明的发展是需要一定的传承的，这样才能节约大量的时间，避免走弯路，并且在前人的基础上实现创新和飞跃。可是章鱼的寿命很短，即便它们在自己生活的时间里取得很多有效经验，也没有办法将这些经验和技术保存下来传承给下一代，所以它们很难依靠自己的力量发展文明。

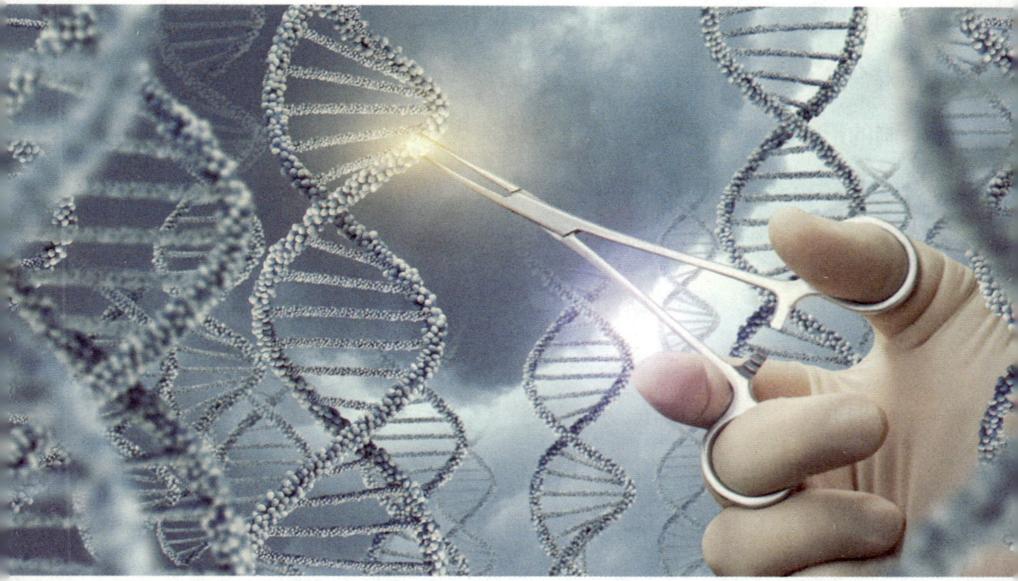

章鱼拥有一项独一无二的技能，它们能利用自己的基因编辑能力来改变自己的身体结构。

○ 文明的产生是多方面共同作用的结果

无论是恐龙还是章鱼，它们可能在某些方面占据了优势，但单一的优势却不足以让它们发展出文明，因为文明的进化是多方面共同作用的结果。

文明的诞生不仅要求生物自身具备足够的先天条件（比如脑容量），还需要物种必须是群居性生物。因为群居生物都有沟通和交流的需求，才会想尽办法创造出语言和文字。在这个基础上，物种的寿命还必须足够长，上一代累积的经验可以通过言传身教或者文字图画的形式传承给下一代，实现有效迭代。

在相对恶劣的生存环境中，物种只有不断进化自己的大脑以适应环境、提升智力、创造语言、积攒经验、养育后代，才有可能在漫长的时间累积中，逐渐发展出文明。

文明的发展是一个复杂的过程，还需要漫长的时间积累。无论是拥有9个大脑的章鱼，还曾经称霸地球的恐龙，虽然它们在地球上生存的时间比人类久得多，但它们还是无法产生文明，这是它们的身体结、生存环境、生存习惯等方面共同造就的。

6. 疯狂的动物智力开发实验

2011年，电影《猩球崛起》火爆全球。电影中，科学家研制出了一种治疗阿兹海默症的特效药，还将药物用在了健康的黑猩猩身上进行测试，结果黑猩猩的智力明显提升，还能遗传给下一代。随着时间的推移，越来越多的黑猩猩的智力得以开发，并渐渐形成了一群高智商的黑猩猩族群，由此引发了一系列的社会问题，一场人猿之间的战争一触即发。

虽然这个故事只是文艺创作者的想象发挥而已，但在现实生活中，科学家的确在努力研究动物智力对人类社会的助益等诸多问题。

○ 恒河猴助力于阿尔兹海默症研究

2012年，北卡罗来纳州的韦克森林大学宣布，他们在恒河猴身上得到了验证，在给予药物之后，恒河猴的认知缺陷显著提高，神经元的活性也明显增强，人类有望在未来攻克阿兹海默症这一难题。同时，他们发现这些猴子在智力测验中的表现要比同类要好得多。

恒河猴实验不仅增进了人类对动物认知和行为学的了解，还对人类的医学研究作出了巨大贡献。

○ 被植入Foxp2基因的小鼠

2014年，麻省理工学院的科学家使用基因工程技术，在小鼠中植入了人类的Foxp2基因。

Foxp2是人类处理语言能力发展的基因，与学习和语言处理相关联，对人类的语言能力和创造力有着重要的作用。经过观察后，科学家发现，经过基因工程改造的小鼠比其他小鼠更快地找到了迷宫中的食物，而且叫声也与其他小鼠明显不同。这项研究表明，Foxp2基因增强了老鼠的认知灵活性，这种基因可赋予老鼠一种自觉分辨能力。这也意味着语言能力与认知能力具有很大的相关性，都会随着Foxp2基因突变而提高。

○ 海马体嵌入研究

海马体是大脑的记忆中枢，对人类有着至关重要的意义。南加州大学的西奥多·伯格（Theodore Berger）教授研究了一种可模仿海马体的植入物，并通过一种脑机接口测试大鼠是否能够控制海马体活动。

通过这个脑机接口，研究人员能够测试大鼠是否能有意识地激活海马体活动，回忆起与现实位置不同、仅存在于记忆中的虚拟位置。当然，要实现这一点，研究团队还需要创建一个“思想词典”，其中收录了大鼠在经历特定情境时的活动模式，以便解码大鼠的神经信号。

研究团队发现，大鼠可以像人类一样准确而灵活地控制它们的海马体活动。这表明动物也能够维持这种海马体活动，让它们的思绪停留在某个特定的位置几秒钟，这类似于人类重温过去事件或想象新场景的能力。另外，这项装置还被证实了可以刺激大鼠和猴子的记忆形成。

少数其他研究人员已经开始涉足人类与动物的大脑嵌合体，这意味着他们正在将人类的脑细胞或组织放入动物的大脑中，并将人类的某些记忆整合到动物的大脑中。这可能是一种非常有价值的研究方法，但也可能导致动物认知能力的改变，目前科学界尚存在争议。

○ 海豚产生了人类的感情

上世纪60年代，美国宇航局实施了一项不为人知的绝密实验。实验的目的是开发和挖掘动物的智力，让它们学会人类的语言。他们的目的是实现跨物种的语言交流，未来运用到和外星人的交流上。为了找到合适的研究对象，科学家给了四个判断动物聪明程度的标志——对比动物大脑的容量和重量、大脑和身体的质量比、脑化指数、大脑神经元的数量。他们从各个方面综合比较，最后挑选了海豚作为此次实验的目标。

为此，美国宇航局建设了“海豚之家”实验基地，还请了一位名为玛格丽特的特训练员。她的任务是让这只海豚学会人类的语言，并完成海豚与人类的语言沟通。

在玛格丽特的不懈努力下，海豚很快就进入了状态，并且还展现出了惊人的学习能力。它不仅学会了用气孔发声的技巧，并且还能准确地说出一些简单的单词，甚至与人打招呼。一段时间过去，这只海豚已经掌握了约700个英语单词。

然而随着时间的推移，这只海豚对于学习越来越反感，它不想上课，只想和训练员待在一起。这项实验结束后，玛格丽特与海豚分开，这只海豚却将自己沉入海底，以“闭气”的方式自尽。时隔50年后，这项“海豚实验”才被公之于众，并拍摄成纪录片《与海豚说话的女孩》。虽然这项实验确实在一定程度上验证了科学家的猜想，但这项实验引发的一系列社会道德问题还是引得不少人口诛笔伐。

第五章

人头蛇与美人鱼

——活在传说故事里的动物

1.《山海经》与《创世纪》：古书上的大怪兽

大多数国家都会有自己独有的神话传说和民间故事，而这些故事里多数都有虚构的怪物出现。无论是在哪种神话体系中，有神通广大、创造万物的神，就必然也会有不可名状、毁灭万物的怪物。这些怪物有的比较像人类，有的却是各种动物的结合体，还有一些纯粹出自人们的想象。

对古代人而言，神话生物是人们崇拜和祈祷的精神寄托，通常这些传说中的生物会有很多关于其起源文化的信息。因此，人们可以通过研究它们来了解很多东西。

❍《山海经》中的奇珍异兽

《山海经》是中国古代的一本著作，集地理、历史、神话、天文、宗教等内容为一体，堪称上古社会生活的百科全书，是古人留给后世的珍贵文献资料，在中国乃至世界文化史中占据着极其重要的地位。《山海经》中不仅记录了古代中国的自然地理要素、人文历史的内容，如山水、天文、动物、矿藏等，还详细描述了各种各样的奇异生物。这些长相奇特的生物形象既为众多艺术爱好者提供了宝贵的素材和依据，也为后世留下了宝贵的研究资料。

《山海经》中的神兽麒麟经常出现在各类年画、书籍和影视作品当中。

《山海经》的怪物种类繁多、形态各异，展现了古人对自然界的丰富想象和独特理解，下面列举几种最耳熟能详的怪物形象。

穷奇：《山海经 · 海内北经》记载中的邽山之兽，形状如虎，生有一对翅膀，以人为食，性情凶残。在吃人的时候，必从头部开始，逐渐吞食。而在《山海经 · 西山经》中描述又大不相同，状如牛身，浑身生有刺状毛发。

蛊雕： 蛊雕是鹿吴山下滂水水中之兽。长相似雕非雕，似兽非兽，头生双角，叫声如婴儿啼哭。喜捕食人类，性情凶猛，残忍嗜血。

天狗： 最早出现在《山海经·西山经》。据记载，它原是阴山之中的异兽，性格阴险，身形酷似狸猫，兽头呈白色，有防凶辟邪的能力。天狗是令世人畏惧的恶煞凶魔，人见到它必遭灾劫和厄运，是血光之灾的前兆。其贪吃喜食，即使是遇到太阳和月亮也会咬上几口，属于人神共愤的灾祸异兽。

梼杌： 梼杌是上古四大凶兽之一，它人面虎身，猪嘴獠牙，长尾长毛，性情残忍。它喜欢斗狠，只进不退，至死方休，是最可怕的对手。

帝江： 帝江是一只生活在天山的上古神鸟，它没有头部，只有黄色的皮肤、六条腿和四只翅膀。尽管它看起来傻乎乎的，没有战斗力，但它特别喜欢唱歌跳舞。

九尾狐： 传说九尾狐住在青丘国，有四只脚和九条尾巴，声音像婴儿，擅长各种变化之术，常以女子的形象出现。

相柳： 相柳是上古传说中的凶神，是共工的臣属，文献中描述为“蛇身九头，食人无数，所到之处，尽成泽国”。传说它喷出的水比洪水还厉害，又苦又辣。

九尾狐是《山海经》中的经典形象，历朝历代都是文学作品中的常客。

❍《创世纪》中的恐怖恶魔

《创世纪》是《圣经》的开篇之作，不仅详细介绍了宇宙与人类的起源，还记录了人类发展壮大的历史。《创世纪》中出现了很多经典的怪物形象，还被后世的各种文学和影视作品改编和借鉴，在西方社会产生了重大的影响。

利维坦（Leviathan）：字意为裂缝，在《圣经》中是象征邪恶的一种海怪。它的外形有点像鱼，也有说它是一条身体巨大且能够将大地盘绕起来的蛇，拥有坚硬的鳞甲、锋利的牙齿，腹下有尖刺，令人生畏。在基督教中，"利维坦"是恶魔的代名词，性格冷酷无情，暴戾好战，令四周生物闻之色变。

1885年，德国出版的一本《圣经》中刊登的一张古画，名为《利维坦的毁灭》。

贝希摩斯（Behemoth）：传说上帝在创世纪的第六天用黏土创造了贝希摩斯和利维坦。这是一种体型巨大的怪兽，尾巴如杉木般挺直，肌肉如石头般结实，骨骼如铜铁般坚硬。在中世纪的时候，它被恶魔诱惑后加入了地狱的阵容，成为了“地狱七君王”之一，又称比蒙巨兽。

巴弗灭（Baphomet）：《圣经》中臭名昭著的恶魔之一。巴弗灭有着羚羊的头颅、人类的躯干、鹿的下身、蝎子的尾巴，在尾巴的顶端有一团燃烧着的火焰，散发着绿色的光芒。它还有一个更广为人知的外号，叫“羊头恶魔”。

1863年出版的《地狱辞典》中出现的贝希摩斯形象。

巴弗灭有着羚羊的头颅和人的身体，在西方也是魔鬼“撒旦”的代名词。

2. 神话及民间故事里的怪咖

纵观世界，神秘可怕的怪物故事在世界各地文化中都广为流传，有的令人毛骨悚然，有的又让人潸然泪下。这些故事里的主角基本都是各种各样的怪物，有的是通过现实生活中的事件改编加工而成的，比如大名鼎鼎的吸血鬼弗拉德·德古拉；有的是民间一些诡异事件的亲历者讲述，再经过各种渲染加工后慢慢在一定范围内流传而成，比如日本民间故事里的发鬼；还有的最初是作为儿童睡前故事出现，后来演变成各种各样不同的版本，比如狼外婆的故事。

值得注意的是，这些传说故事和可怕的生物，都与当地文化相似，暗藏了人们对于这些恐怖生物或者恐怖事件背后对生命、生活的不同看法。

- **人头蛇**

蛇是许多古代文化中生命、再生和变化的象征，而人类头部则是智慧和意识的具象化。将这两个符号结合起来，可能是古代人们对于自然界中种种神秘现象的一种表达和解释。

据说在印度尼西亚生活着一种恐怖生物，它长着人类的脑袋和蛇一样的身体，身长约2米，全身长满鳞片，异常凶猛。

希腊传说中的魔女美杜莎，也是一个拥有蛇身和蛇发的怪物。她的目光可以将人石化，是许多冒险故事中的恐怖对手。

在埃及，考古学家们在墓葬中找到了大量描绘人头蛇身生物的雕

大名鼎鼎的美杜莎是古希腊神话中的蛇发女妖，是一只人头蛇身的怪物。

塑和壁画。在古代埃及人民的信仰中，蛇是一种备受崇拜的动物，有着神秘的力量。因此，人头蛇怪在埃及人的心目中具有重要的地位。

- 巴西利斯克（Basilisk）

欧洲传说中的奇幻生物，蛇中之王。最早是蛇形象，后逐渐演变成三尺高、有着蛇尾巴和牙齿的公鸡形象。最开始，巴西利斯克是一种有剧毒的小蛇，其爬行过的土地会留下有毒的黏液，而它的眼睛同样也是致命的武器。后来，欧洲的一些乡野传说和故事也不断为巴西利斯克的致命能力加油添醋，将其描述成一只会吐火的巨大野兽。

巴西利斯克长着鸡的脑袋和蛇的身体，是欧洲神话中的恐怖生物。

作为欧洲神话中的黑暗生物之一，巴西利斯克是有史以来西方传说中一种最耳熟能详的怪物。英国小说《哈利波特与消失的密室》中的蛇妖，便是以巴西利斯克为原型而衍生的虚构生物。但相较于古代传说的版本，书中的蛇妖体积更大、寿命也更长。

- 阿米特

阿米特来自埃及，是一只长着鳄鱼头的野兽。它的前身像狮子，后身像河马，在埃及被称为“亡灵吞噬者”。它在灵魂审判期时也扮演了可怕的角色。传说在地狱中，它会用真理女神玛阿特的羽毛来衡量一个人的心脏的重量。如果天平保持平衡，则表明该人是纯洁的。如果天平倾斜，则表明该人是邪恶肮脏的，这些灵魂最后会被阿米特吞噬。

• 北欧僵尸

这种令人毛骨悚然的生物属于复活的尸体。它是一种外表长得像僵尸的可怕生物，皮肤呈黑色或蓝色，全身有着惊人的力量，会通过屠杀人类或牲畜来满足它们对血肉的渴望。同时，这种生物的嗜血等特性具有传染性，那些被它们杀死的人可能会像僵尸一样复活。

• 吸血鬼

在德国民间传说中，阿尔普是一种吸血鬼精灵，能幻化为猫、狗、猪、蝴蝶和蛇等多种形象，是男女老少噩梦中经常出现的一种生物。更可怕的是，它只存在于梦中，几乎不可能杀死它。

• 牛鬼

牛鬼是困扰日本多年的神秘怪物之一。它的头是牛的形状，而身子则仿佛巨型的蜘蛛或螃蟹，常常在日本西边沿海出现，善于用毒，会从口中喷射出毒液来发动攻击。

牛鬼是日本传说中的妖怪，常在海边出现。

- 奇美拉

这是一种来自希腊的神秘怪物，它长着狮子的脑袋、羊的身体以及蛇一样的尾巴。它呼出的气都是火焰，既吞噬动物，也残害人类，它喷出的火烧毁村庄，没有人能阻止它的脚步。

奇美拉是希腊神话中一种狮头、羊身、蛇尾的吐火怪物。

- 托科洛什

南非祖鲁神话里的一种未知生物。它体型矮小，长着灰色的皮肤，大大的脑袋，大头上有一个小洞。在另外一些说法中，托科洛什是由非洲当地萨满、巫师所创造的，是类似于僵尸、小精灵的恶作剧集合体。相传，托科洛什是一种十分淘气的怪物，热衷于恶作剧，喜欢整蛊他人。它会在夜晚潜入卧室，在主人睡觉时殴打他们的脖子，或是咬掉他们的脚趾，也会偷走他们的物品，如衣服。在南非民间传说中，托科洛什通常是隐形的，并且可以通过吸食石头来长时间保持这种状态。

- 马纳南加尔

菲律宾传说中的怪物，头部是人类女性的形象，长舌，长着蝙蝠的翅膀，上半身和下半身可以分开。据说这种神秘生物喜欢在晚上出没，舌头又长又细，还会吸孕妇的血，从血液中拖出胎儿。

名称	来源	神话故事里的形象
斯芬克斯（Sphinx）	埃及神话	狮身人面，通常拥有女性人头。它以出谜题致使过路者陷入困境而著名。希腊神话中的斯芬克斯则具有狮身、女头和鹰翼。
哈耳庇厄（Harpies）	希腊神话	具有鸟身和女性头部的怪物，拥有尖锐的爪子。哈耳庇厄是风神之女，被描述为带来厄运和死亡的妖怪。
半人马（Centaur）	希腊神话	上半身为人，下半身为马的生物。它们以力量和速度著称，但性格多变，既有英勇的半人马战士，也有放荡不羁的酒徒。
水蛭人（Kappa）	日本神话	类似河童的水生生物，拥有绿色鳞片覆盖的类人身体。水蛭人以捉弄人类和挑战相扑而闻名，它们的头顶有一盆水，据说是它们力量的源泉。
美杜莎（Medusa）	希腊神话	一位曾经美丽的女神，因触怒雅典娜而被变为一头拥有蛇发的女妖。凡是看到美杜莎的眼神的人都会被石化。英雄珀尔修斯（Perseus）最终成功地斩下了美杜莎的头颅。

续 表

名称	来源	神话故事里的形象
蝎子人（Scorpion Men）	苏美尔神话	半人半蝎的怪物，拥有人类的上半身和蝎子的下半身。它们守卫着太阳神的居所，被认为是强大而危险的生物。
克拉肯（Kraken）	北欧神话	一种巨大的海洋生物，类似于巨型章鱼或乌贼。它被认为是海洋中的恐怖存在，能够将船只和船上的人们拖入海底。
麒麟（Qilin）	中国神话	一种拥有龙头、鹿身、牛尾和马蹄的神秘生物，通常被认为是吉祥的象征。麒麟的出现常常预示着祥瑞和君主的降临，它代表着仁慈、纯洁和智慧。
费尼克斯（Fenrir）	北欧神话	一头巨大的狼，是洛基之子。它被预言将在诸神的黄昏吞噬奥丁。为了防止这个预言实现，诸神用一种名为格雷普尼尔的神奇锁链将费尼克斯束缚。
世卫（Cipactli）	阿兹特克神话	一种类似鳄鱼的怪物，拥有鱼鳞、鳄鱼头和独特的长牙。世卫被认为是创世纪中的原始混沌，被神秘的力量所驱使。

3. 巨齿鲨vs哥斯拉，影视世界里的大boss

怪物一直以来都是各种文学和影视作品最钟爱的题材之一，它不仅能很好地吸引观众的好奇心，还成为了大片制作的必要素材。

从上个世纪30年代初期，以怪兽、怪物为主角的影片相继问世，正式宣告了怪物类型电影的诞生。随着电影特效技术的逐步完善，电影中的怪兽也越来越真实，3D效果更是带给观众更为强烈的感官刺激。狰狞庞大的怪兽投射出的是人类对未知的恐惧，这也是怪兽电影的魅力。

❍ 哥斯拉——风靡全球的巨型怪兽

哥斯拉是日本电影《哥斯拉》中的巨型怪兽，还是一只因核辐射异变而进化的远古巨型恐龙。它身高近50米，体重高达2万吨，智商极高，经常根据敌人的不同特性而使用新的战术和技能，甚至可以利用反作用力飞行。

哥斯拉是全球最著名的怪兽形象之一，对全球诸多怪兽作品影响深远。

❍ 巨齿鲨——深海中的顶级掠食者

在电影《巨齿鲨》中，史前巨兽巨齿鲨逃离深海，为人类带来了一场史无前例的大灾难。巨齿鲨是一种史前海洋生物，它们的牙齿十分锋利，像牛排刀那样呈锯齿状。这种鲨鱼体长大约有18米，体重大约45吨，是地球历史上已发现具有最强撕咬力量的生物，牙齿撕咬力量远远超过了霸王龙，是地球历史上最可怕的掠食性动物之一。

巨齿鲨是深海中的顶级掠食者，也是目前已知咬合力最大的动物。

巨型鲶鱼怪——环境污染导致的变异鱼怪

电影《汉江怪物》中虚构的巨型鱼怪，是一只长着两条腿的巨大鲶鱼。它身体庞大，并且携带有传染性病毒，攻击性强，是受到剧毒化学物质影响后长成的怪物。

《汉江怪物》中的怪物是一条长着两条腿的巨型鲶鱼。

❍ 奥特瓦蠕虫——可怕的深海吸血鬼

这是电影《极度深寒》中出现的深海怪物，类似水蛭，是一种巨大的头足纲软体动物，生存于万米以下的深海中。它在电影里以吸血维生，主体头部高约7到8米，直径约5到6米，是剧毒刺激下产生变异的生命体。

电影《极度深寒》中的恐怖怪物。

❍ Graboid——潜藏于沙海的恐怖食人怪

它是电影《异形魔怪》中的怪物，潜藏在沙漠中，拥有巨大身躯，身上有恶臭，能够靠声音感知猎物，口中有三条利于抓取的蛇状舌头。这些舌头有着嘴巴和牙齿，有自我意识，是电影中非常经典的怪物原型。

4. 被人类奉为神明的生物

在诸多文化中，动物总是作为守护神活跃其中。在原始社会中，普通民众对某些被赋予超自然力量的动物总是心存敬畏。在很长一段时间里，动物总是作为神明存在于人类祖先的认知里。在他们看来，某些动物能呼风唤雨，为人类带来幸福和安宁。在中国的神话传说中，鹤将人类送往极乐之地，守护逝者安宁。在某些国家，乌鸦则被民众看成是预言家，能预测未来的祸福吉凶。正是由于对鸟类的认知不同，民众对各种鸟类的喜恶程度也大相径庭。

❍ 图腾与动物

图腾一词源自印第安语，意思为“它的亲属”。在人类最初的认知中，本氏族人都源于某种特定的物种，而这种物种一般都与某种生物

龙图腾是中国汉族的民族图腾，也是华夏文明的标志之一。

具有亲缘关系。于是，人类最初的图腾信仰便与动植物产生了关联。在这种认知下，某种动物或植物便成了这个民族最古老的祖先。

在原始社会，每个种族都有图腾作为自己的标志。不同的国家和地区都有自己的图腾，比如中国的龙、俄罗斯的熊和新加坡的狮子。

每一个图腾都是一种信仰、一种崇敬、一种氏族的象征，也是早期人类的象征。作为一种原始宗教，图腾是一个群体精神的象征，推动人类文明走向新的高度。

第五章

人头蛇与美人鱼——活在传说故事里的动物

○ 各个国家的图腾崇拜

国家	图腾	说明
中国	龙	龙是中国古代神话中的动物，为鳞虫之长。中国人坚信自己是龙的传人，将龙视为文明象征、精神图腾，象征着勇敢奋进、活力无穷、吉祥如意等美好寓意。
美国	白头鹰	这种鹰体形较大、力量充足、浑身褐色，头部和尾巴处点缀着白色的羽毛。在很多美国人眼里，这种鸟代表了力量、勇气、自由和永恒，被奉为美国的精神象征。
西班牙	公牛	在西班牙人眼中，公牛代表着力量、强大、勇敢、强悍，甚至还有一种原始的野性。公牛最早是西班牙宗教祭祀用的祭品，在西班牙具有很高的地位，是一种很神圣的动物。
蒙古国	狼	狼在草原上是非常可怕的动物，它们往往成群行动，凶猛且富有灵性。狼图腾崇拜几乎是草原游牧民族的共同信仰。

续 表

国家	图腾	说明
英国	狮子	狮子在动物界是权力的象征，象征着至高无上的地位。英国皇室为了显示权威，命人在皇家兵器上绘制了三只狮子。从此，狮子也就成为英国的一种图腾象征。
印度	大象/牛	大象在印度人心目中是智慧和力量的象征，牛在印度也有很高的地位。大象和牛都是印度人心中信奉的神明。
法国	大公鸡	法国崇尚勇敢、热爱艺术。以公鸡作为法国图腾始于17世纪，法国人认为大公鸡是一种吉祥物，象征着自由、活力、勇敢。
俄罗斯	北极熊	北极熊对于俄罗斯具有非常重要的意义。它不屈不挠、坚韧不拔、厚重博大、勇敢凶猛，所以北极熊一直是俄罗斯的国家象征和人们心中的图腾。

○ 生物与神明

在原始社会中，弱肉强食是自然界的第一生存法则。跟很多生物相比，人类的力量往往是弱小的。因此，人类往往会对那些生存力比较强的生物心生崇拜，这是一种出自本能的力量崇拜。

在古人看来，虽然植物是静止的，但植物拥有比动物更顽强的生命力，因此古人对力量的崇拜其实不仅限于动物。比如莲花花瓣对称，而莲蓬高且果实多，在古人眼中，莲花便象征着生命和繁衍的生生不息。

基于对各种生物的崇拜，人类祖先对自然界任何顽强的生命力都有着不一样的情感。基于对它们的敬仰，人类赋予了它们更多精神意义上的作用，并由此诞生了许多神话故事。人类将一些动植物视作神明，并赋予了权力的象征，将它们以图画的形式广泛地运用在各种装饰、建筑、祭祀上，来表达对生命的崇拜和敬意。

• 牛

在印度，牛是最受尊敬的动物。在印度教中，牛是神圣的象征。印度教中地位最高的湿婆神，他的坐骑就是一头白牛。牛在印度可以在街上自由行动，在节日期间还会装饰着花环和装饰品。

• 蛇

蛇是人类祖先最广泛崇拜的动物之一。世界各地不同国家、不同地区、不同种族，都对蛇有着不同的理解和情结。

古埃及人认为眼镜蛇的眼睛具有神力。当敌人来袭时，这对眼睛可以喷出火焰来保护法老。同时，他们相信蛇的力量可以使死者重生。

蛇是中国民间信仰中重要的动物崇拜对象。在中国的创世神话中，半人半蛇的女娲与伏羲诞育了华夏民族，成为人类的始祖。从某种意义上说，伏羲、女娲形象的出现和流行，就是中国上古时代蛇崇拜的缩影。

美洲印第安人部落有不少以蛇来命名，有的甚至以响尾蛇作为氏族的图腾。在澳洲的一些原始部落中，还会定期举行一种蛇图腾崇拜的仪式。

• 狐狸

狐狸在中国神话传说中拥有举足轻重的地位。相传狐狸能修炼成仙，化为人形，与人来往，是一种非常有灵性的动物。中国古代民间大多会供奉狐狸神，目的是镇宅、致富、得到庇护，这是中国民间对狐仙的崇拜。

在日本，稻荷神是日本神话中的谷物和食物神，主管丰收。传说他有时以男人形态出现，有时以女人形态出现，甚至会变化成蜘蛛等其他形态。稻荷神有两个随从，分别是白色的狐和狸猫，所以狐狸也是日本的守护神之一。

• 鹰

大型猛禽是美洲印第安人非常尊敬的动物之一。鹰象征着勇气、力量和自由。拥有鹰羽在美国原住民文化中被认为是光荣的，戴头饰的人必须表现出勇气才能获得它。

狐狸雕像在日本随处可见，稻荷神的原型便是狐狸。

中亚地区的游牧民族也十分热爱鹰，哈斯克斯坦的国旗上就印着他们的国鸟——金雕，它正是鹰科鸟类的一种。

- 狗

狗头神是古埃及神话中的死神，它是亡者及其墓地的守护神，也是木乃伊的创造者。

埃及神话中，狗头神阿努比斯是一位外形幻化为山犬的男性，黑色的毛发是腐肉与尼罗河谷黑色泥土的颜色，象征着重生。他引导死者的灵魂前往审判地，并在审判中起到无可比拟的作用。

在埃及，狗头神阿努比斯是死神的象征，会引领亡灵前往审判之地。

第六章

五只眼睛八条腿，祖宗全是怪模样

——灭绝生物的狂欢

1. 地球上的几次生命大灭绝

大约150亿年前，宇宙诞生，奠定了地球产生的物质基础。46亿年前，经过数亿年的变化，地球从一颗爆炸中产生的小小尘埃，渐渐形成一个复杂且巨大的天体。38亿年前，地球上逐渐诞生了以细胞形式存在的生命。生命在地球上自其诞生之日起就不停息地变化，在变化中延续、演进。这是一个真实、漫长且仍未终止的历史过程。

然而地球生命自诞生起的漫长时间里，地球已经经历了五次生命大灭绝。每一次灾难的发生，都会导致地球上大多数物种的消失。虽然这五次灾难发生的规模和原因各不相同，但它们都不同程度地摧毁了当时地球上的几乎全部物种。

○ 地球大灭绝发生的原因

造成生物集群灭绝的原因很多，比如陨石撞击、地质灾害（如火山爆发）、气候变化、海平面上升或下降等。地球上每次发生灭绝事件，都能在相对短的时期内造成80%～90%以上的物种灭绝。

虽然只有少数生命力顽强的物种能够在极端的环境下侥幸生存下来，但大灭绝事件发生之后引起的环境变化也会为新物种的诞生提供新的条件。因此，每次大灭绝事件的发生，都意味着一大批旧物种的消失和一批新物种的诞生。

○ 地球的五次生命大灭绝

第一次生物大灭绝发生在距今4.4亿年前的奥陶纪末期，这次灾难导致地球上大约80%的物种灭绝。这次大灭绝事件的原因是大陆的转移和剧烈的气候变化。

第二次生物大灭绝发生在距今约3.6亿年前的泥盆纪后期。这次灾难中，大部分海洋生物遭受了重创。科学家认为，导致这次灾难的原因可能是火山爆发或者天体的撞击。泥盆纪是地球生物界发生巨大变革的时期，这个时期，海洋生物逐渐向陆地大规模扩张迁移。

导致大灭绝的原因有很多种，每次都可以导致地球上的绝大多数生物彻底消失。

恐龙曾是地球霸主，但它们也在第五次大灭绝中退出历史舞台。

第三次大灭绝事件发生在距今约2.5亿年的二叠纪末期。这是历次大灭绝中规模最大、影响最为深远，也是最严重的一次生物集群灭绝事件，约95%以上的物种都在这次浩劫中彻底消失。繁盛于古生代早期的三叶虫、四射珊瑚、横板珊瑚、蜓类有孔虫以及海百合等全部绝灭，腕足动物、菊石动物、棘皮动物、苔藓虫等也遭受严重的打击。

第四次生物灭绝发生在距今2亿年前的三叠纪晚期，爬行类动物遭遇重创，一半以上的物种灭绝。

第五次大灭绝发生在距今6300万年前的白垩纪，多达75%的物种都在这次大灭绝事件中死亡。科学家们普遍认为，这场灾难是小行星撞击地球所致。这次灾难过后，曾经的地球霸主——恐龙彻底从地球上消失，退出了历史的舞台。从这以后，哺乳动物开始出现。

2. 古老神秘的史前生物

○ 地质时代的划分

地球上最初的生物都生活在海洋中，直到6亿年前才开始出现水母、珊瑚虫和蠕虫等软体动物。大约3.6亿年前，两栖动物才首次登上陆地，进而有了爬行动物。又过了约1亿年，恐龙出现，地球上的生命呈现出繁荣的景象。经历了数亿年的发展，地球上的物种逐渐丰富起来，人类的出现更是为地球生命的繁荣增添了浓墨重彩的一笔。

根据生物的发展规律和地层形成的顺序，科学家们按地壳的发展历史，将地球历史划分为若干自然阶段，也就是地质年代。从地球诞生至今，共经历了太古代、元古代、古生代、中生代和新生代五个时期。

时代	时间	特征
太古代	约38亿年前~24亿年前	地球初步形成，地球的岩石圈、水圈、大气圈和生命都诞生于这一阶段，是地质发展史中最古老的时期。
元古代	约25亿年前~8亿年前	生物界由原核生物演变为真核生物，菌类和藻类开始繁盛，甚至出现无脊椎动物。
古生代	约6亿年前~2.3亿年前	无脊椎动物的繁荣时代。早期鱼类种类繁多，中期进化出了两栖类动物，晚期则进化成了爬行动物。同时，蕨类和裸子植物也开始出现。
中生代	约2.52亿年前~6600万年前	爬行动物盛行，哺乳动物开始出现，海生无脊椎动物（菊石类）繁盛。植物中以真蕨类和裸子植物最繁盛。
新生代	约6500万年前至今	哺乳动物和被子植物高度繁盛。

○ 史前生物

生物的进化是一个很复杂的过程，但这个过程并不是一帆风顺、直线上升的，而是曲折地以螺旋式上升的。在漫长的历史长河中，所有生物都会随时间的改变而发生变化，这种变化是一个非常缓慢而渐进的过程。在生物学上，这就叫进化。

地球的历史至少有46亿年，人类存在的历史只有区区几百万年。那么在人类出现以前的那段时间，地球上有些什么生物呢？它们都长

这种长着长牙的史前生物其实是短吻鳄的表亲。

成什么样子呢?

史前生物，笼统来说指的是地球生命诞生以来至人类有文字记录以前的这段时间里，存在于地球上的一切生物，年代范围大约是从38亿年前到大约公元前3500年。

史前生物包括了海洋中类似细菌的细胞生物、藻类与原生生物，还有较为复杂的真核多细胞生物，如真菌、植物、软体动物、昆虫与脊椎动物等。

时至今日，依然有少数的史前生物存在于地球上，例如水熊虫。不过，大多数生物已经在地球的发展中灭绝了，只留下一些遗骸、脚印或化石，证明它们曾经生活在这个星球上。

○ 光怪陆离的古生物世界

从地球生命的出现到人类的出现和发展，经历了约35亿年的时间。这漫长的时间里，很多物种消失了，很多物种又诞生了。每一次物种的消失与繁荣，都是生物演化史中不可避免的重要环节。

已经灭绝的史前生物中，除了处于食物链顶端的那些顶级掠食者外，还有很多“与众不同”的生命。它们在地球漫长的历史中或昙花一现，或顽强生长，但终究消失在生命的长河之中。如今我们只能从化石中才得以窥见一个光怪陆离、缤纷多彩的古生物世界。

• 怪诞虫——头尾不分的史前怪物

怪诞虫是一种体长5.5厘米左右、类似蠕虫的生物，整个身体呈管状，躯体又长又细，有多达十对细长的腿。前几对腿细长且没有特征，而其余的则有1~2个尖爪。怪诞虫的身体下部有7对硬刺，身体背部有7根斜向上生长的触角。身体的一端是圆圆的球状物，另外一端看上去是一根长长的管子，卷曲在背部之上。不管是身体的哪一端都找不到虫子的眼睛和嘴巴，也就无法辨别头尾。正是因为这怪异的形状，人们才将它称之为怪诞虫。

• 皮卡虫——脊椎动物的祖先

皮卡虫，又名皮凯亚虫或皮克鱼，是寒武纪的一类已灭绝动物。它的样子很像鳗鱼，又像鼻涕虫。别看它长得难看，它可是人类已知最早的脊椎动物，也是地球上所有脊椎动物的祖先。

• 三叶虫——最早的甲壳动物

三叶虫是寒武纪最具代表性的节肢动物，并且是所有史前动物中演化最成功、存在时间最长的，也是地球上最早的甲壳动物。

• 欧巴宾海蝎——长着五只眼睛和象鼻的海洋生物

欧巴宾海蝎是寒武纪的远古节肢动物，生活于大约5.3亿年前的海洋之中。它们的长相非常怪异，头部长有五只眼睛，还有一条长如

三叶虫是地球上最早的甲壳动物。

欧巴宾海蝎的头部长有五只眼睛，还有一条长如象鼻的嘴巴，看上去就像是外星生物。

象鼻的嘴巴，嘴巴顶端还有爪子。科学家们推测，欧巴宾海蝎有可能是虾的远亲。

• 始祖鸟——地球第一个长有羽毛的生物

始祖鸟生活于侏罗纪早期，是已灭绝的原始生物。它的头部像鸟，有爪和翅膀，能飞行，有牙齿，与爬行动物近似，尾巴很长。

始祖鸟一开始被认为是鸟类的祖先。但现在科学家更偏向于它是一种小型兽脚类恐龙，而且极有可能是后期恐爪龙类的祖先。

○ 几种恐怖的巨型史前生物

• 泰坦巨蟒——古新世的巨蛇

泰坦巨蟒是一种已灭绝的蚺蛇，生活在南美洲哥伦比亚北部的热带雨林里。根据最新出土的化石来估计，这种巨蚺体长约12~15米，重约1.2吨。研究人员推断，它们可能是恐龙灭绝后又一称霸地球的生物，是当之无愧的顶级掠食者。

• 沧龙——远古海洋霸主

沧龙是白垩纪中晚期的一种已灭绝的海洋爬行动物，也是中生代海洋中最大的顶级捕食者。沧龙是一种食肉性海洋爬行动物，性格凶

沧龙是白垩纪晚期的海生爬行生物，性情凶猛，是远古时期的海洋霸主。

猛，头部巨大，牙齿锋利，外形跟鳄鱼类似。在长达数十万年的时间里，沧龙是远古海洋的唯一霸主。

- **帝王鳄——体型最大的鳄鱼之一**

帝王鳄生活在约1.1亿年前的白垩纪早期，是曾在地球上生活过的体形最大的鳄鱼之一。帝王鳄在成年后体长可达13米，与兽脚类恐龙不相上下。帝王鳄的嗅觉非常灵敏，即便在水下也能闻到猎物的气味，一般的小型恐龙都不是它们的对手。

- **巨型蝾螈——2亿年前的顶级掠食者**

这种巨型蝾螈生活于三叠纪晚期，曾经称霸地球2000多万年。它是现代蝾螈的远亲，但个头要大得多，体长最大可达5米，性情凶猛。它们多数生活在湖泊和河流中，主要以鱼类为食，是当时地球上的顶级掠食者。

• 奇虾——寒武纪最凶猛的捕食者

奇虾又名恐虾，是寒武纪时期的典型代表动物之一。它身长可达2米，眼睛与乒乓球差不多大，前肢大而发达，拥有强大的抓取力。它的嘴就像一个圆盘，由32个重叠的吸盘组成，可以轻易吞咽猎物并压碎它们。

• 蛇颈龙——“尼斯湖水怪”原型

它是蛇颈龙属海生爬行类的统称，体形硕大，颈部长，身体像乌龟，是中生代时期海洋中的霸王。一些科学家认为，著名的“尼斯

蛇颈龙被认为是尼斯湖水怪的原型。

湖水怪”或许就是生存于地底暗河或海洋中尚未完全灭绝的史前生物——蛇颈龙。

- **骇鸟——大型肉食性鸟类**

骇鸟，又名恐怖鸟，一种大型的肉食性鸟类，生存于2700万年到150万年间，约有1~3米高。骇鸟的腿骨坚硬、肌肉强壮，速度快。羽翼上有肉钩，可以像手臂般伸出。脚部有利爪，可以撕碎中等大小猎物。

- **恐鱼——海中“钢铁粉碎机”**

恐鱼是泥盆纪晚期的代表性巨型凶猛动物，其中最著名、最凶猛的当属邓氏鱼。它们体长8~11米，体重可达6吨，嘴张开时有1米多宽，比鲨鱼还要大、还要凶狠。

- **风神翼龙——地球已知最大的飞行动物**

风神翼龙，也叫披羽蛇翼龙，生存于白垩纪晚期，是人类已知最大的飞行动物。风神翼龙成年时头骨长1米，翼展可达11米长，重达500斤。风神翼龙的嘴巴又尖又细，双翼宽而有力，飞行速度极快。

风神翼龙是可怕的空中掠食者，也是人类已知最大的飞行动物。

3. 生物们的“怪祖先”

生物的进化是一件漫长且有趣的事情。在很多生物已经灭绝的情况下，如今的我们已经很难想象它们真实的样子，毕竟几亿年前的地球跟现在完全不同。不过，我们仍然可以通过已知物种的遗传规律以及发掘的化石标本，推测出数亿年前这些“生物祖先”的大致模样。

对此，加州大学的遗传学教授Daniel Rokhsar曾表示：“所有动物的共同祖先可能生活在6亿或7亿年前，现在的人很难知道它们是什么样子，因为这些软体动物难以留下直接的化石记录。好在我们可以通过不同现生动物的比较来了解我们的共同祖先。通过基因组的测序，我们深入回溯到没有化石记录的时间点，从而得以窥见这些生物祖先的大概模样。”

○ 遗传学的三大定律

科学家通过对遗传现象的观察和实验证明，生物的遗传是遵循一定规律的。遗传学是研究遗传现象与遗传机制的学科，是现代生物学的重要分支之一，也是研究古生物学的重要手段。遗传学的发展离不开三大定律，即孟德尔遗传定律、染色体理论和基因理论。

孟德尔遗传定律：它是遗传学的基石，也是遗传学发展的里程碑，是在19世纪中叶由奥地利的修道士孟德尔通过对豌豆杂交实验的观察和分析得出的。孟德尔的实验结果表明，每个性状由一个基因决定，每个基因座位只有两个等位基因，一个来自父亲，一个来自母亲。这一结果揭示了基因的本质，即基因是遗传信息的基本单位，控制着个体的性状。

染色体理论：这是20世纪初期提出的遗传学理论，是在孟德尔遗传定律的基础上发展起来的。染色体理论包括两个定律：染色体分离定律和基因连锁定律。它揭示了染色体在遗传中的作用，即染色

地球生命的进化是一个漫长而复杂的过程。

体是遗传信息的主要载体，控制着个体的性状。

基因理论：它是在染色体理论的基础上发展起来的，是现代遗传学的核心理论。基因理论包括三个定律：基因的重组定律、基因的突变定律和基因的表达定律，主要是杂交实验和分子生物学技术。它揭示了基因在遗传中的作用以及基因型与表现型之间的关系。

○ 几对意想不到的生物近亲

地球上有数百万种的生物，其中一些生物之间有着密切的关系。科学家通过研究发现，人类与黑猩猩拥有着共同的祖先。不过，除了黑猩猩之外，人类其实还与一些意想不到的生物也有着千丝万缕的联系，比如澳洲袋鼠。

生物的遗传与进化是一门复杂的学科。总有一些生物之间看起来毫无联系，甚至看似与遗传学规律完全“相悖”，实际上又有着科学合理的解释。

• 鲸鱼VS奶牛

鲸鱼和奶牛看起来虽然是完全不同的两个物种，但实际上它们却拥有一个共同的祖先——一种生活在南亚的小型哺乳动物，印多霍斯。

印多霍斯是一种已灭绝的趾级偶蹄类动物，体型偏小，生活在陆地。不过从它们的化石来看，这类生物却有着水生生物的习性。科学界推断，印多霍斯应该是鲸鱼进化前的生物。

• 大象VS海牛

考古和解剖学的研究表明，海牛目动物与大象有近亲关系。海牛原是陆地上的生物，属于大象的近亲。后来随着环境的变化和多种因素的影响，海牛被迫“下海谋生”。适应海洋的环境后，海牛依旧保持食草的习性，与大象类似。

• 针鼹VS鸭嘴兽

针鼹和鸭嘴兽是目前仅有的两种卵生哺乳动物。这两个物种的基因组和谱系特异性基因组变化等数据，均显示它们起源于同一祖先的染色体。

不过，尽管针鼹和鸭嘴兽在生物学上看来有着诸多的遗传相似性，可实际上它们在许多方面却截然不同，特别是在饮食方面。针鼹喜欢吃蚂蚁等昆虫生物，而鸭嘴兽则喜欢吃一些小的水生动物，比如虫卵和虾米。

针鼹（左）与鸭嘴兽（右）其实是近亲，它们都源自同一祖先的染色体。

• 马蹄蟹VS蜘蛛

虽然马蹄蟹和蛛形纲动物看起来完全不同，可实际上它们都来自一个共同的祖先——一种水生螯肢动物。根据马蹄蟹化石显示，这种生物大约存活于4.5亿年前。在同一时间，蛛形纲动物开始存在。这种水生螯肢动物在不断的进化过程中，一个转移到陆地上，逐渐进化为蛛形纲动物。另一个则基本上在水中生存进化，并在大规模灭绝事件中幸存下来。

• 水母VS珊瑚

这两种生物虽然都生活在海洋里，但是看起来却毫无共同点。水母可以随意游走，可珊瑚却矗立不动。可珊瑚和水母实际上是近亲，都属于刺胞动物。这种刺胞动物有着非常柔软的麻袋状身体，里面没有心脏、骨头，甚至没有大脑。它们的刺胞可以麻痹并杀死比自己大得多的猎物，而水母和珊瑚都有类似的攻击工具。

• 马VS犀牛

马和犀牛都属于有蹄类动物，而且它们还拥有共同的祖先——坎贝兽。这种生物活跃在5450万年前的始新世早期，它们的很多特征都与最早的四肢动物非常相似，比如牙齿、椎骨和足骨等，只不过体型比马和犀牛都小了很多。

• 鸟和恐龙

始祖鸟可能是鸟类和爬行动物的共同祖先。

前文说过，始祖鸟可能是所有鸟类的祖先。它外形与鸟类似，全身有羽毛。与现在的鸟类不同的是，始祖鸟不仅有牙齿，还有一条长长的骨质尾巴。由于始祖鸟的诸多特性，科学界认为它属于鸟类和爬行动物的共同祖先。

❍ “长相炸裂”的远古生物

• 旋齿鲨——长着怪牙的恐怖生物

旋齿鲨的牙齿化石标本。

在众多形形色色的古生物中，旋齿鲨绝对是亮眼的存在。虽然现在人类还没有找到旋齿鲨完整的骨骼化石标本，但它那一口呈螺旋排列的牙齿却足以给人留下深刻印象——它们的牙齿从大到小、内卷成环状螺旋形排列，看上去令人不寒而栗。直到今天，无论是鲨鱼还是其他脊椎动物，都没有像它们一样，长有这种“炸裂”的旋齿。

- **巴基斯坦古鲸——长着毛发和四肢的鲸鱼祖宗**

巴基斯坦古鲸，又名巴基鲸，是已知最古老、最原始的鲸类，生存于约5300万年前。

值得一提的是，巴基斯坦古鲸虽然属于鱼类，可它们却有点像狼，头部呈长圆锥形，四肢齐全，还有一条细长的尾巴，甚至全身都长有毛发。科学家们推断，最早的巴基斯坦古鲸可能完全在陆地上活动，直到后来生存环境发生了变化，才得以进入水下生活。

巴基斯坦古鲸是一种长了四肢和毛发的鱼类。

- **阿兰达鱼——长着六只眼睛的怪鱼**

阿兰达鱼是已知最早的鱼类之一，它的怪异之处在于它的头上长有六只“眼睛”。不过，这六只眼睛里只有一对是真正的眼睛，其余两对只是看起来像眼睛的器官。科学家认为，阿兰达鱼应该是滤食性动物，拥有流线型的身体，全身包裹硬甲，没有鳍，靠尾巴左右摆动前进。

• 小盗龙——四只翅膀的小恐龙

小盗龙是脊索动物门蜥形纲动物，是一种小型兽脚类恐龙。它最引人注目的特征是长了两对翅膀——其身体遍布羽毛，前后肢各有一对扇形飞羽。研究证实，经过了千万年的进化，带羽毛的恐龙逐渐具备了真正飞向蓝天的能力，而小盗龙为小型恐龙向鸟的进化提供了重要证据。

• 古马陆——身长可达三米的巨型蜈蚣

古马陆是迄今为止发现的最大的陆生节肢动物。它的头上长有锋利的大颚，可以轻易猎捕食物。古马陆的体表还覆盖着坚硬的盔甲，拥有30节体节，每节体节上都长着一对足，看起来像是现代的蜈蚣。

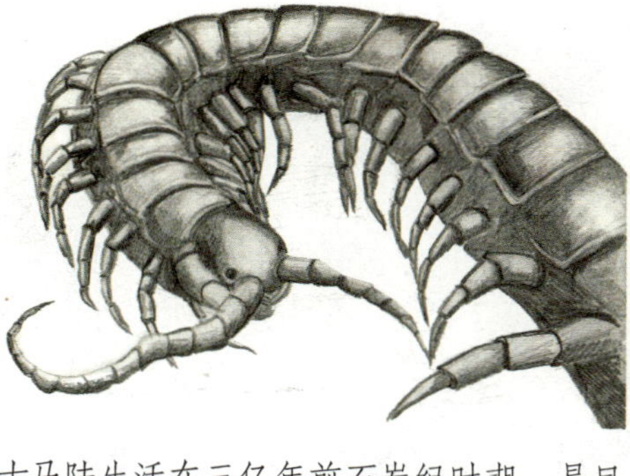

古马陆生活在三亿年前石炭纪时期，是目前发现的最大的节肢动物，长得像蜈蚣。

- **铲齿象——嘴里长铲子的大象**

它是铲齿象嵌齿象科的一种象类，下颌特别长，下颚前端并排长着一对扁平的下门齿，形状恰似一个大铲子，看起来非常独特。铲齿象生活在河湖边，会用铲齿切断并铲起浅水中的植物，就像一把镰刀，抓住植物并用下齿将其从树上切断，再靠长鼻子帮助把食物推入嘴中。

- **陆行鲸——行走在陆地的鲸鱼**

陆行鲸又叫走鲸、游走鲸，为哺乳纲鲸目动物，大约生活在5000万年前的始新世。陆行鲸是一种奇特的鲸鱼，它拥有鳄鱼的四肢和鲸鱼的牙齿，可以同时行走和游泳，是一种半水生哺乳动物，身长大约长3.7米，看起来像水獭与鳄鱼的结合体。

4. 地球“活化石”：灾难后幸存的生物们

地球从诞生到现在已经经历了五次大灭绝。每一次的大灭绝过后，都会有将近80%的生物从地球上永久消失，哪怕统治地球数亿年的恐龙也未能幸免。然而每次遭受打击最严重的，都是那些大型生物。反而是那种结构简单、体型微小的生物，更容易存活下来。越是简单的生物，生命力越是顽强。

在每一次生物灭绝之后，地球不是归于沉寂，而是重新焕发生机。经过幸存生物的不断演化，它们又让地球再次恢复了活力。有生物学家统计，地球从大灭绝事件后重新发展出复杂的生物圈，大约需要500万年的时间。

❍ 生物从大灭绝中幸存的原因

每当地球发生毁灭性灾难，总有物种会彻底灭亡，但总有一些物种会存活下来。其中的原因是多方面的，除了运气方面外，有的是因为繁殖能力强，有的是因为体型较小，也有的是因为适应环境的能力强。事实上，不管到底是何原因，都与这些物种本身的生存特点有着密切的关系。

体型大小：在每一次的物种大灭绝事件中，最容易遭受到打击的就是那些体型大的生物，而体型比较小的生物反而容易存活下来。这些微生物分布范围非常广泛，不管是天上、陆地或者是水底，几乎都有它们存在的痕迹。即便是在极端寒冷或者高温的环境下，它们一样能存活。同时，体型小的生物对食物的需求量更低，也就更能保证存活的概率。

适应能力：每次大灭绝事件的发生都伴随着地球环境的突然改变，比如温度的急剧下降或海平面的突然上升。适应能力弱的生物会在这场浩劫中被淘汰，而生存力强的生物往往能根据环境变化调整自己的应对能力，并迅速恢复种群数量和生态地位。

繁殖能力：不管是生物面临的是何种生存环境，繁殖能力强的生物往往更能存活下来。

❍ 地球现存的几种生物“活化石”

• 鲎

鲎是一种海洋节肢动物，它的祖先可以追溯到奥陶纪。当时恐龙还未出现在地球上，原始鱼类才刚刚诞生。然而鲎却熬过了无数次地震和火山喷发，躲过了让恐龙灭绝的大灾难，存活至今。不但如此，鲎还基本保持着4亿多年前的原始样貌，被称为“活化石”。

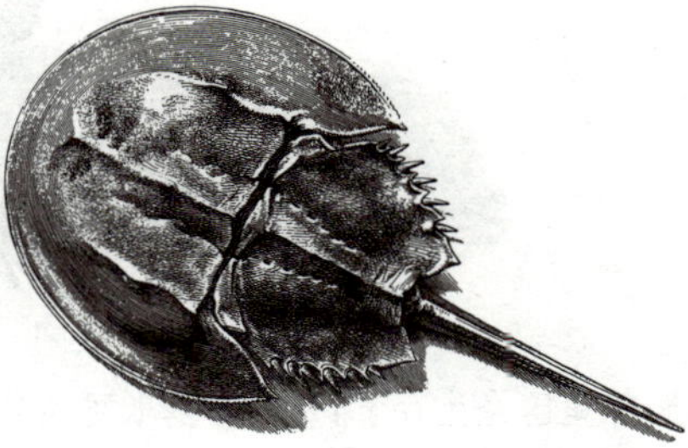

鲎是一种古老的节肢生物，已经在地球上生存了4亿多年。

• 水熊虫

水熊虫是世界上生命力最强的生物之一，最早能追溯到5亿年前的寒武纪。水熊虫身上含有一种特殊的蛋白质，能保护水熊不受辐射伤害，这也是水熊虫长久进化而来的一种保护机制。同时，水熊虫还具有隐生习性，能在遭遇极端变化时迅速进入假死睡眠状态，直到下一次苏醒。它们的生命力无比顽强，而且没有天敌，耐冷、耐高温，即便是风干或者进入真空环境，它都可生存。

• 腔棘鱼

它是地球最早的水生生物，是一种至今依然存活的古老鱼类，而且是第一种走向陆地并长出脚的鱼类。它们在地球上生活了4亿年，被称为“恐龙时代的活化石”。

腔棘鱼已经生存了4亿年，身长可达2米。它们在向陆生生物进化的过程中本已长出四肢，后来又重新回到海洋生活。

• 海百合

这是一种古老的无脊椎棘皮动物，与海星、海胆、海参同属一类，其出现至今已有5亿多年了。它的腕像风车一样迎着水流，捕捉海水中的小动物为食，即便断了也能迅速再生。

• 鹦鹉螺

鹦鹉螺是鹦鹉螺科的海洋软体动物的通称。它们依靠着体型小和少而精的繁殖能力等优势，已经在地球上已经存活了数亿年，被称作海洋中的“活化石”，在研究生物进化和古生物学等方面有很高的价值。

鹦鹉螺已经在地球上经历了数亿年的演变，但外形和习性等变化很小。

- **鸭嘴兽**

鸭嘴兽是最原始的有毒类哺乳动物之一，长着鸭子般的嘴、鼹鼠般的身体和河狸般的尾巴，是未完全进化的哺乳动物。最古老的鸭嘴兽于南美洲6100万年前的地层被发现，因此它也被称为“动物界中的活化石”。

- **欧氏尖吻鲛**

欧式尖吻鲛，又叫加布林鲨。它们在地球上已经存活了1.25亿年，通常生活在250~1300米以下的深海，至今能在太平洋或大西洋的热带海域中发现它们的踪影。

5.3D打印或模型重塑：灭绝动物“复活”的全过程

在远古时期，地球上存在着许多不同类型的物种。这些生物在环境变化等因素的影响下逐渐走向了灭绝，或进一步进化成其他生物。然而科学家们一直在尝试复原这些灭绝生物的形态和生活习性，以便更好地了解地球生物的演化历程和生态系统的演变。

然而恢复灭绝生物的外观是一个复杂的多学科过程，涉及许多不同的科学技术。科学家可以根据古生物的化石标本，通过使用3D建模技术，遵循解剖学、遗传学等规律，让这些生物“重现辉煌”。随着科学技术的不断发展，未来还会有更多的技术和手段被应用到这项研究中，为复原更多的灭绝生物提供更好的支持和帮助。

○ 如何还原古生物的样貌

• 化石标本

化石是生物遗体或痕迹在长期的地质作用下留下的历史痕迹，最常见的是动物骨骼和贝壳等。这些生物遗体、遗迹或遗物，都可以提供关于古生物的形态、生活习性、生态环境等方面的信息。科学家们通过对化石的研究和分析，可以推测出距今数亿年前的生态环境和生物概况，为现代科学研究提供事实和数据依据。

近年来，科学家们甚至在恐龙化石中发现了一些保存完好的软组织，比如恐龙皮肤、羽毛甚至内脏。这些化石的发现，为科研人员提

考古学家发现的一具霸王龙化石。

供了大量关于恐龙外貌和行为的信息，也有助于及时修正以往人类对古生物的错误认知。

- 生物技术

有了化石等信息作为依据，科学家还需要利用现代生物遗传学的理论来进一步了解灭绝生物的基因和生理特征。比如通过DNA测序技术，科学家可以获取远古生物的基因信息，推断出它们的亲缘关系和进化历程。通过组织培养技术，可以培育出远古生物的组织和器官，以便更好地了解它们的生理特征和生活习性。

- 遗传学规律

除了生物技术，科学家还会从灭绝生物的后代或者近亲们身上，通过遗传学的基本规律，来逐步还原古生物的皮肤组织、肌肉走向、外貌特征、生活习性等。比如鸟类是恐龙现存的近亲，科学家可以通过对现有鸟类的研究，来确定恐龙翅膀的形状和大小。

- 3D技术

计算机模拟技术和3D建模打印技术也可以用来复原灭绝生物的形态和生态环境。科学家可以将灭绝生物的情况与现代生物学技术等信息整合在一起，通过电脑数据的分析重组，构建出逼真的灭绝生物形态和生态环境模型，以便更好地了解地球生物的演化历程和生态系统的演变。

3D建模打印技术是一种新型的技术手段。它以数字模型文件为基础，运用粉末状金属或塑料等可粘合材料，通过逐层打印的方式来构造物体。科学家们可以在虚拟空间中重建动物的骨骼，使用计算机填充缺失的骨骼大小，并估计生物的大小和形状，包括它的皮肤、羽毛和颜色。

利用3D技术可以重塑远古生物的模样。

• 模型重塑

虽然人类可以借助电脑重现灭绝生物的基本样貌，但原始的生物模型制作依然是最广泛、最快捷、最直观的生物“复活”手法。

生物模型是一种让人们能够亲身感受史前生命的独特方式。通过精心制作的模型展示，人类可以近距离感受并了解史前生物的外貌特征和演化历程。

然而生物模型的制作并不是一件简单的事情。人类首先需要掌握大量的化石和古代文献资料，尽可能了解该生物的外貌、行为和生活环境，先做到“心中有数”。

一切准备就绪后，模型制作师会用高强度材料先制作出生物的骨架，再用聚氨酯等材料填充肌肉和皮肤。微型雕刻技术则会为生物模型添加鳞片、毛发和羽毛等细节，让细节更加生动。为了更贴近真实，制作师有时候甚至还会用真实的骨骼或毛发进行装饰。

通过观察和学习这些模型，人类能够更加深入地了解古代生物的生态系统、食性习惯和生存竞争。同时，这些模型也被广泛用于教育活动和科学研究中。

○ 克隆技术

生物的多样性一直以来都是人类赖以生存的重要基础。然而由于人类的活动和环境变化，许多物种正面临灭绝的威胁。

灭绝又分两个层次，第一个层次是功能性灭绝，第二个层次则是真正的灭绝。

功能性灭绝指某类生物在自然条件下，种群数量减少到无法维持繁衍的状态，即失去了基本的生态功能，但仍可能有部分个体暂时勉强生存。

真正的灭绝则是指一个物种的所有个体均已死亡，在地球上彻底消失了，例如恐龙。

幸运的是，在物种不断灭绝的同时，科学家也在不断努力“复活”那些已经灭绝的物种，这便是克隆技术。通过克隆技术，人类可以更好地保护濒危动物，也可以尝试复活已经灭绝的物种。

要成功克隆已灭绝的动物，科学家需要找到几乎完整无缺的动物DNA。1993年的电影《侏罗纪公园》中，科学家们便是通过提取保存在琥珀中的蚊子血液里的恐龙DNA，成功克隆并复活了恐龙。

值得一提的是，虽然科学家们已经成功地复活了一些灭绝动物的细胞或者组织，但离真正意义上成功复活出完整的灭绝动物，还有很长的路要走。

以下是一些正在被科学家研究和尝试复活的灭绝动物。

猛犸象：日本的一个科研团队于2011年1月7日宣布，将启动对猛犸象的克隆计划。其内容主要是借助克隆技术，用距今约1万年前的、仅存的已灭绝猛犸象的冷冻细胞作为素材，用克隆手段培育出猛犸象。2012年8月，西伯利亚科学家在俄罗斯东部一个永久冻土层的猛犸象墓地中，发现了一具独特的猛犸象残骸，并在猛犸象尸体内发现了保存完好的细胞，这一发现无疑为猛犸象的“复活”提供了必要条件。

不久的将来，科学家或许可以利用克隆技术“复活”已经灭绝的猛犸象。

毛皮猬：一种已经灭绝的大型肉食性有袋类动物，外形类似猫科动物，生活在南美洲。现在，科学家们已经成功地从一头已死亡的毛皮猬的牙齿中提取了它们的DNA，正在尝试将其克隆出来。

长毛象：一种已经灭绝的大型象科动物，曾经生活在北极等寒带地区。科学家们已经成功地从冰川中提取了长毛象的DNA，并正在尝试将其复活。

剑齿虎：剑齿虎灭绝于大约1万年前，它们的灭绝源自冰河时代末期的气候变化。不久前，人类在美国洛杉矶的一个沥青湖内发现了上百具剑齿虎的完整尸体。如果可以从尸体提取到完整的DNA，那么剑齿虎的“复活”将指日可待。

渡渡鸟：渡渡鸟是生活在印度洋毛里求斯岛上的一种不会飞的鸟。这种鸟在被人类发现后仅仅两百年的时间里便彻底绝灭，甚至连完整的骨架都没有留下。好在科学家已经从牛津唯一一具渡渡鸟标本的软组织上提取了少量DNA。2016年，研究人员对渡渡鸟的基因组进行测序，发现绿蓑鸽是渡渡鸟的近亲。这些发现，或许会为渡渡鸟的复活带去新的希望。

小揭秘

比利牛斯高地山羊是世界上第一种通过克隆技术复活的灭绝物种。但因肺部缺陷，这只克隆羊只活了7分钟。

6.全球升温！远古病毒的觉醒

气候变暖是当今世界面临的最大挑战之一。近些年来，由于人们焚烧化石燃料、砍伐森林，向地球排放了过多温室气体，导致地球温度逐年上升，从而导致全球气候变暖。全球变暖又会使全球降水量重新分配，冰川和冻土消融，海平面上升。由此引起的一系列自然变化，不仅严重危害了自然生态系统的平衡，甚至还会威胁人类的生存。

全球气候变暖除了会导致海水倒灌、极端天气频率增加，生物的发展也会失去平衡。除此之外，气候变暖还可能引发一些意想不到的后果。温度升高也意味着地球冻土层在渐渐融化，一些被冰封在冻土层下的古老病毒将“重见天日”，对人类和动物造成巨大威胁。

近些年，科学家们基于放射性碳定年法估算，处于北极永冻层中的病毒已存在数万年，其中最古老的一个病毒样本可追溯至4.85万年前。一旦冰川融化，这些远古病毒将会重新进入人类视野，从而对全球公共卫生产生巨大威胁。

○ 快速消融的“地球冷冻库”

由于全球温室气体排放量持续增加，全球平均气温正在逐年上升。根据联合国政府间气候变化专门委员会（IPCC）的第六次评估报告，预计到本世纪末，全球平均气温将比工业革命前高出1.5度至4.5度。

北极地区由于受到海洋环流、大气环流等因素的共同影响，升温速度比全球平均水平快两倍。北极地区的冰川、海冰和雪都在加速消融，与此同时，冻土层也开始渐渐解封。

随着全球变暖的步伐加快，北极地区的冰层正在以前所未有的速度消融。根据已有的数据统计，如果人类继续放任现在的形势不管，预计到2100年，北半球约70%近表面的冻土将会消失。那些潜藏其中的古老病毒，也由此获得了重见天日的机会。

气候变暖还会改变很多野生动物的生活习性。生存地的减少使得更多生物向人类居住地迁移，野生生物所携带的病毒向人类传播的风险进一步升高，导致许多流行病暴发，如埃博拉病毒、疟疾、伤寒、恙虫病毒、冠状病毒及其他新病毒等。

全球变暖导致地球冰川极速融化。

❍ 亿年寒冰下的古老病毒

根据联合国环境规划署（UNEP）的报告，全球约有四分之一的陆地面积覆盖着冻土。其中大部分冻土位于北极地区，南极也有少量的冻土存在。

冻土层，是指在地表以下长期处于零度以下的土壤或岩石。冻土层中埋藏着大量的有机物质，包括植物、动物、微生物的遗骸。这些有机物质在低温和缺氧的条件下无法完全分解，因此保存了很多史前生物的完整DNA信息，其中也包括一些可能具有致病性的“超级病毒”。

冻土层下的“史前病毒”具有非常复杂和多样化的基因组，并且可以快速感染单细胞生物。虽然目前还没有足够的数据表明这些超级病毒可以感染人类等高等生物，但目前已知的病毒种类只是冻土层下的冰山一角，还有更多未知的古老病毒可能隐藏在更加深层的冻土之下。

全球气候变暖，还可能导致一些已经灭绝或者被人类消灭的致命病毒重新复活，比如鼠疫和天花。这些病毒一旦从冻结状态中解脱出来，在适宜的条件下便可能重新恢复感染活性，这无疑增加了全球范围暴发新型传染病的风险。

2020年，英国《独立报》曾报道，法国病毒学家Jean Michel

Claverie教授指出，从冰川、冻土中释放出的病毒一旦接触到合适的寄主，它们就有可能复活。因此，各种古老病毒都可能随着永冻土层的融化，重新进入人类世界。

小揭秘

2016年，俄罗斯西伯利亚地区发生了一起人畜共患的炭疽病毒感染病例。本次事件共造成1人死亡、23人感染以及2300头驯鹿死亡。经过调查发现，该病毒暴发的原因正是因为当地的永久性冻土融化，原先深埋于地下的驯鹿尸体释放出了沉睡了七十多年的炭疽杆菌，最终导致悲剧的发生。

重新苏醒的阔口罐病毒——3亿年前的巨型病毒

据近期欧洲一项发布的研究样本显示，法国、德国和俄罗斯科学家们从西伯利亚的永久冻土中分离并复活了几种古老的病毒，其中一种是从2.7万年前的永久冻土样本中发现的巨型病毒——阔口罐病毒（Pithovirus）。

阔口罐病毒是目前已知最大的病毒，它是一种双链DNA病毒，属于核质巨型DNA病毒演化支。阔口罐病毒呈椭圆形，其一端有一个开口，病毒内部结构和蜂巢相近。

虽有数据显示这一巨型病毒对人类暂时没有危害，但它在长久冻结埋藏后仍能复活，这一发现使人类不得不开始重视全球气候变化后可能会释放的这些超级病毒的破坏力。

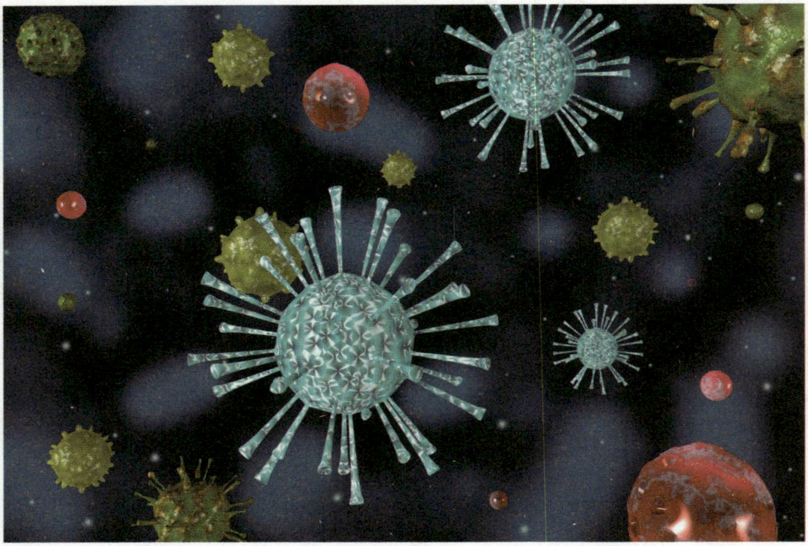

随着冻土层的逐渐融化，各种古老的病毒都可能重新进入人类世界。

第七章

奇花异草，缤纷世界

——植物也疯狂

1. 植物的多样性

地球的生态系统是由植物、动物、微生物和环境组成的。人类将能固着生活和自养的生物称为植物界，简称植物。

植物是生命的主要形态之一，包含了如树木、灌木、藤类、青草、蕨类、绿藻等所有生物。多样的植物组成了地球的森林、草原等生态环境，植物进行光合作用，消耗二氧化碳，释放氧气，为生态系统的运转打下基础。

植物的多样性，主要表现在以下几个方面：

物种的多样性：地球上的植物有很多品种，比如松柏、牡丹、灌木、芦苇，这是植物与环境在长期的相互作用下，通过遗传和变异，适应和自然选择而形成的。而且植物的进化仍在继续，新的物种还会增加。

遗传多样性：每一种植物都具有独特的基因库和遗传信息。植物生长发育中，由于基因调节控制在时间和空间上不同，即便是同一物种，也会表现出不同的属性。比如白菊和矢车菊虽然都属于菊花，但它们各自之间却有着不小的差异。

生长环境的多样性：地球上有多种多样的生态环境，比如平原、高山、沙漠、冰川、丘陵等，然而无论是何种生态环境，都会有植物的存在。哪怕是小小的一滴水、一条鱼的腹中，都有可能成为植物的栖身之所。

植物的起源

植物的起源和发展经历了一个漫长的过程，这个过程不仅揭示了植物进化的复杂性，也强调了人类对自然环境的影响。

最早的植物起源于约35亿年前的海洋中，即海藻和蓝藻。它们形成了最早的生物膜，标志着植物生命的开始。随着时间的推移，植物不断进化，形成了多样化的植物群落，还逐渐分出了陆生植物和水生植物。

陆地上最早的植物出现在约4.5亿年前，它们是蕨类植物和藻类植物的前身。

约7亿年前，多细胞植物开始出现，这是植物进化的一大里程碑，这些植物包括苔藓、蕨类和裸子植物。

约3亿年前，种子植物开始出现，这标志着植物进化的一大飞跃，这些植物包括松树、橡树和银杏等，它们能够产生种子，通过风

植物是生命的主要形态之一，为地球生态环境的运转打下坚实的基础。

几种史前植物的手绘图。

和水的传播来进行繁殖。

约1亿年前，被子植物开始出现。它们的花朵和果实为动物提供了食物和栖息地，这促进了植物和动物之间的共生关系发展。随着时间的推移，被子植物的种类和形态不断演化和多样化，逐渐形成了现代丰富多彩的植物世界。

○ 植物的生殖方式

植物的生殖方式包括有性生殖和无性生殖两种。

有性生殖：指植物通过两性生殖细胞的结合产生受精卵，进而发育成新个体的生殖方式。植物的有性生殖方式包括花粉和卵细胞的结合，还有类似于蕨类植物的孢子和配子结合等，它一般分为四个生理过程：开花、传粉、受精和发育。

无性生殖：指植物繁殖时不涉及生殖细胞，不需要经过受精过程，直接由母体的一部分直接形成新个体的繁殖方式。无性生殖方式包括根茎和块茎的分裂、叶片的插芽和芽生等方式。

植物的生殖方式和进化密切相关。通过有性生殖产生的后代具有更丰富多变的遗传性，这样可以更好地适应复杂多变的环境。而无性生殖可以让植物在适宜的环境下快速繁殖，提高生存率。

随着地球上自然地理环境的变迁，植物自身在不断的矛盾中运动和发展。即便在一定的地质时期中占优势支配地位的物种，后面也会逐渐被另一类进化更成功的植物所取代。植物界的发展过程就是这样从低级向高级、从简单到复杂，不断地变化。

小揭秘

1880年，俄国植物胚胎学家首先发现裸子植物在配子时会发生融合现象。1898年，俄国植物胎学家C·Г·纳瓦申在研究中发现植物的一个精子和卵融合，而另一个和两个极核合并的现象，这是双受精现象的最早发现。1899年，法国植物胚胎学家L·吉尼亚尔也报道了百合属和贝母属中发现同样的现象，并证实双受精是被子植物普遍存在的现象。

○ 植物的进化方式

植物的进化方式主要包括自然选择、基因突变、基因重组等。除此之外，植物的进化还与其生长环境有着密切的关系，如营养、水分、光照、温度等。这些因素可以促成或抑制植物的进化，使得植物在不断变化的环境中演化出最适合自己的生长方式。

自然选择：在自然界中，适应环境的植物更容易生存和繁殖，而那些适应能力更强的物种会逐渐占据主导地位。经过长时间的自然选择，植物的特征会逐渐改变，以适应不同的生存条件。例如在气候干旱的地区，植物可能会长出更深的根系，以便吸收更多水分，提高它们在这种环境中的生存能力。

基因突变：植物DNA序列的改变或变异都可以导致植物的形态、生理功能和抗病能力等方面发生改变。这种改变有时是随机的，有时是受到环境刺激的影响。比如基因突变的多肉植物可能会出现“缀化”或“出锦”，从而改变多肉植物原本的形态或颜色。

基因重组：植物在有性繁殖过程中，通过控制不同性状的基因，可以重新组合生成不同的生物种类。通过这种方式，植物可以产生更加多样化的后代，从而增加了适应新环境和抵御疾病方面的潜力。

2. 猎杀、模仿、记忆、运动：植物的超级能力

与动物一样，植物也需要生存和繁殖。既然要生存，必然就会采取各种行为和手段，确保生存和繁衍的成功。

植物是大自然中最神奇的生命体之一，虽然没有动物的大脑，但它们依然可以通过各种手段，顽强地在地球上生存下去。在生长、繁殖和适应环境的过程中，植物展现出了惊人的生命力和生存策略。

○ 植物的生存之道

优胜劣汰、适者生存是自然规律。为了生存，植物在残酷的环境中演绎了一些高智慧的生存法则，令人类叹为观止。植物的生存策略可以体现在生长过程中的各个方面，如生长速度、竞争能力、光合作用效率等。

植物的呼吸循环系统和光合作用。

光合作用
水和营养物质的吸收
氧气进入
吸收二氧化碳
二氧化碳排出
氧气排出
水分蒸发
水分和矿物质营养上升
有机物下降和分解
氧气进入
吸收水分和营养物质
毛细根
根系
二氧化碳排出

光合适应能力： 植物依靠光合作用合成有机物质，因此光合适应策略是植物最基本的生存策略之一。在光线充足的环境中，植物通过扩大叶片面积、增加叶绿素含量、延长光合期等方式来提高存活率，反之亦然。

营养获取能力： 植物通过根系吸收来自土壤中的水和营养，包括氮、磷、钾等元素。当营养供给无法满足植物的生长需要时，植物便会通过调整生长速度、改变叶片面积、发展根系等方式，调整生产需要。

适应环境能力： 不同的植物具有不同的生存智慧，这与它们的生长环境、生长条件等有关。比如当环境条件发生变化时，植物会采取相应的策略来适应新环境。一些植物在遇到寒冷气候时，会通过减少叶片面积、改变叶片形态等方式来减少水分蒸发和光合作用，以适应低温环境。

感知能力： 植物虽然没有大脑和中枢神经系统，但它们拥有一套令人称奇的信息传递和感知系统。它们通过根系、茎和叶片来感知光线、温度、湿度和风向，及时调整生存策略，适应环境的变化。

自我保护能力： 当受到伤害或遭受外界威胁时，植物能够快速调整自己的生长和代谢，最大程度地提高生存几率。它们甚至能够记忆环境的变化，以便在下一次遭遇相同威胁时做出更快速、更有效的反应。

快速繁殖： 植物会通过快速繁殖来扩大生存范围、适应环境，例如一些水生植物通过水流传播种子，一些植物通过果实吸引动物散播种子。

❍ 植物的超级能力

除了基本的生存策略和自保能力外，植物也有很多丝毫不逊色于动物的“超能力”。

• 主动猎杀

自然界的大多数植物都是被动地依靠光合作用生存的生物。然而有些植物却能打破这个常规，表现出更接近于动物的生存策略，比如食肉植物的主动捕猎能力。

1881年，一篇报道声称曾经有人在非洲见过一种食人树，随附图片显示一个年轻女子正在被树吞噬，但这篇报道后期被证实是捏造的。

食肉植物，又叫食虫植物，是植物中的“超级怪咖”。它们能够主动诱捕昆虫等小型生物，分泌出独特的消化酶来消化这些食物，以满足自身的营养需求。

目前全球已知的食肉植物有630多种，全球各地均有分布。大多数食肉植物都生长在贫瘠或酸性的土壤中，因为这些土壤中缺乏氮、磷等植物生长必需的元素，所以它们通过捕食动物来获取这些元素。食肉植物主要通过自身特殊的结构来完成捕杀，随后靠自身分泌出来的消化酶和细菌来完成分解和吸收。

小揭秘

世界上还有超过300多个属的植物具有捕虫功能，但不具备消化猎物的能力，只能算得上捕虫植物。

• 记忆能力

早在18世纪，法国著名的生物学家拉马克就研究过植物的记忆能力。研究表明，植物可以通过基因调节来记住过去的经历，并提升未来应对这种经历的能力。例如，当植物遭受大旱或洪涝灾害时，它们会在叶子和根部的基因中分泌出特殊的物质，这些物质可以帮助植物记住这种环境，提前做好应对准备。

• 信息交流

植物和动物一样，具有信息交流能力。研究表明，植物之间可以通过根部或挥发出的化学物质进行信息交流。比如当一株植物受到昆虫的攻击时，它会释放出一种化学物质来警告周围的植物，督促它们加强防御。

• 运动能力

在植物世界中，除了大多数相对静态的植物外，还有不少植物带有较为明显的“运动”特征。由于这些植物对外界因素的感受力比较敏锐，因而产生了向光性、向重性、向触性、向化性和向水性等向性运动，以及感热性、感夜性、感震性等感性运动。

动物运动时需要借助肌肉，而植物的运动动力则来自水分。植物靠液态水或者气态水的简单输送过程，来完成“主动运动”。当细胞内的液体浓度大于细胞外液体时，水分就会进入细胞，大量的液体就会对细胞壁产生压力，从而让植物体“动”起来。通过控制自身细胞液的浓度，植物还可以完成各种复杂的动作。

除了进行主动运动外，死亡的植物细胞也能进行复杂而精妙的运动，这种被称为“被动运动”。

向日葵的花盘会随着太阳位置的变化而变化，这是植物向光性的表现。

• 防御能力

在自然界，植物的生存随时都会面临着各式各样的挑战。在漫长的生存竞争过程中，植物逐渐进化出了各种能够让自身生存的防御能力。让植物在受到外物攻击的时候，能够起到一定的防御作用。

分泌毒素是植物最常见的防御手段，也是一种强大的自保能力；还有一些植物会生长出硬刺和倒钩，让动物敬而远之；一些拟态植物能模仿周围的环境，避免自己暴露。这些都是植物们防御外敌的有效手段。

• 拟态模仿

在竞争激烈的自然界，植物为了生存，进化出了许多适应性对策，模仿就是它们应对变化的措施之一。植物通过模仿其他生物或物体，不仅可以起到保护自己的作用，还可以达到传宗接代的目的。

勃奎拉藤是一种生活在南美洲南部的藤本植物，被称为“植物里的变色龙”。它的叶子在一般情况下是卵圆形的，可以改变大小、形状、颜色、朝向甚至静脉的走向，模仿宿主植物的叶子。就算同一棵勃奎拉藤的藤蔓从一棵树跨越到另一棵树上时，它的叶子也会发生变化。这种优秀的拟态模仿能力，不仅能让它们避免被象鼻虫、金花虫等食草昆虫吃掉，还能借助宿主植物的力量，往更高、更广、阳光更充足的地方生长，大大提升了生存和繁殖的几率。

绞杀是植物的杀手锏之一。

- 绞杀

在自然竞争中，那些具有生长优势的植物物种可以得到充足的阳光和养料，从而在竞争中生存下来。然而相较于动物而言，植物的生长范围狭小，又不能活动，因而没有动物那样灵活的活动空间。为了生存，植物之间也会在有限的空间里进行一场争夺阳光和土壤养分的激烈竞争。为了抢夺资源，有的植物便会亮出杀手锏——绞杀行为。绞杀植物通常都会覆盖在被绞杀植物上逐渐分枝、长叶，与被绞杀者争夺空间、抢夺阳光，最后致使被绞杀植物死亡。

○ 植物也有睡眠需求

人和动物都需要通过睡眠来补充每天消耗掉的精力和体力。其实植物也是需要睡眠的，植物的睡眠现象，科学家称之为“睡眠运动”。

睡莲花便是典型的睡眠植物。每当太阳升起之时，睡莲花的花瓣就慢慢舒展开来，似乎刚从梦境中苏醒。当太阳落山之后，它的花瓣又会聚拢，重新进入睡眠状态。研究表明，植物的睡眠现象主要是为了减少自身的热量散失和水分的蒸发，是一种自我保护行为。

小·揭·秘

最早发现植物睡眠运动的人，是英国著名的生物学家达尔文。100多年前，他对69种植物的夜间活动进行了长期观察，发现叶片的睡眠运动对植物的生长有积极作用，但缺乏足够的证据。直到20世纪60年代，随着植物生理学的高速发展，科学家们开始深入研究植物的睡眠运动，并发现了植物体内的“生物钟规律”。

3. 几种非比寻常的植物

❍ 泰坦魔芋——世界上最臭的花

泰坦魔芋，又称尸花、尸臭魔芋，原产于印度尼西亚苏门答腊的热带雨林地区。花朵的直径长1.5米，高则将近3米，可以说是植物界的巨型生物。

泰坦魔芋在开花的时候会散发一股类似尸臭的味道，故被称作“世界上最臭的花”。

泰坦魔芋体型巨大，拥有尸体腐烂般的臭味。

小揭秘

在小说《鬼吹灯》中，主角一行人就在精绝女王的棺椁边上发现了一种神奇的植物——尸香魔芋。这种植物能发出奇异的味道，能使精绝女王的尸身永不腐朽。这种尸香魔芋的现实原型，就是泰坦魔芋。

大王花——传说中的"食人花"

大王花是一种肉质寄生草本植物，没有自己的根或叶，生长在寄主的木质茎上。大王花的花瓣是地球上已知最大的单瓣花，直径可达1.5米，看起来像是一张张开的血盆大口，非常吓人。

大王花奇臭无比，像腐烂尸体散发出的气味，被公认为世上最臭的花。它令人厌恶的气味会吸引腐肉蝇来为它授粉，以达到繁殖目的。

19世纪，德国的一位探险家表示自己曾在非洲的马达加斯加岛上见到一种吃人的树木，当地人把它奉为神明。一位土著妇女因为破坏了规定，被一些强壮的族人逼迫着爬上了神树，随后被神树的树叶紧紧包围。待树叶重新打开时，妇女仅剩下了一堆白骨。

这个恐怖的故事引起了轰动，各种食人花的报道层出不穷。有的国家专门派出科考队深入非洲腹地，特地寻找这种传说中的食人花，却一无所获。科学家推测，那位探险家看到的应该就是大王花。遗憾

大王花奇臭无比，全身布满斑纹，就像一张张开的血盆大口。

的是，经过艺术加工和民间误传，所以才会出现这种花能吃人的谣言。

○ 含羞草——能预测天气的奇妙植物

含羞草是一种热带植物，生长速度快，根系很少。在受到外界刺激时，含羞草的叶柄会下垂、小叶片合闭，就像一个害羞的小姑娘，故称之为含羞草、知羞草、怕丑草。它的体内有一种名为肌动蛋白的蛋白质，当含羞草被触碰，细胞内膨压就会突然增加，导致肌动蛋白散开，水分扩散，从而产生了闭合运动。含羞草的产地通常伴随恶劣的天气条件，这是它适应外界环境条件变化的一种能力，避免被狂风暴雨伤害。

含羞草还是一种能预兆天气晴雨变化的奇妙植物。它的叶子开合的速度快慢，间接地反映了空气中湿度的大小，可以作为天气预报的参考。

❍ 跳舞草——应声而舞的小可爱

跳舞草是一种直立小灌木，两侧分布有大量的线形小叶。跳舞草对声音非常敏感，在阳光照射下，当跳舞草受到声波刺激时，跳舞草会连续不断上下摆动，就像是跳舞一样。

传说古时候有一少女殉情自杀，死后便化身为跳舞草。所以一旦遇到多情的小伙子高唱情歌，它就会随歌起舞。不过这都是民间流传的爱情故事罢了，植物学家认为，跳舞草起舞的原因主要与温度、阳光变化有关。

❍ 沙盒树——全身长满毒刺的危险植物

沙盒树是热带和亚热带植物，树干高大，表面分布着巨大的锥形尖刺，全身有剧毒。沙盒树的果实像一个圆形的盒子，摇起来可发出响声。果实成熟时会自动爆炸，发出巨大的爆炸声，同时将成熟的种子射出，从而达到传播种子的作用。

沙盒树全身都有剧毒，树干上布满了尖刺。

○ 罗盘树——植物中的指南针

这种树生活在马达加斯加的岛上，能代替罗盘确定方向。因为不论生长在高山、草原还是洼地，它树干上的一排细针叶总是指向南方。当人类在森林中迷失方向时，可以借助它的特质来辨别方向，因此当地人又叫它“指南树”。

科学家经过不断实验，证实罗盘树的这种能力与地磁影响无关，而是它们为了适应草原上干旱炎热的环境条件，经过长期“锻炼”而形成的一种特殊本领。这也是“物竞天择，适者生存”的最佳佐证。

❍ 猪笼草——植物中的捕猎高手

猪笼草是食肉植物的代表，它的叶子结构比较复杂，呈圆筒形，下半部稍膨大，笼口上具有盖子，看上去就像一个笼子。猪笼草的“瓶盖”部位能分泌香味，诱捕小型生物前来觅食。由于它的内壁具有蜡质，十分光滑，昆虫一旦进入笼中就很难爬出。猪笼草的底部有很多腺体，能分泌出酸性的消化液，将昆虫的肌肉和外骨骼分解吸收。

猪笼草是食肉植物的代表，看上去就像一个瓶子。

❍ 太空花——绽放于太空的花朵

太空花是指利用卫星或飞船等科技手段，将花卉种子或繁殖材料带到太空中，利用太空特殊的环境（比如辐射）使其产生基因变异，再返回地面进行培育的植物。

2016年1月，美国航天员斯科特·凯利（Scott Kelly）在媒体上展示了“第一朵太空花”，一种拥有13片橘色花瓣的“百日菊”。这朵成功在外空绽放的百日菊虽然颜色、外形与地球上的差别不大，但是因为空间站零重力的状态，它们的花瓣无法像地球上的一样形成优美的弧度。

小揭秘

中国首批六种太空花卉于2002年9月在北京繁育成功，它们的种子是在1996年时搭载国土普查卫星回归的。

4. 无声的控诉：灭绝植物之殇

生物灭绝是一种无法避免的现象，无论生物在生态系统中的地位如何，都逃不过这次劫难。地球诞生的漫长历史中，经常会有大规模的生物集群灭绝。整科、整目甚至整纲的生物，都可以在很短的时间内彻底消失，或仅有极少数残存下来。

大规模的集群灭绝有一定的周期性，大约每6300万年就会发生一次。

虽然集群性的灭绝现象对植物而言不如动物那般显著，但在漫长的岁月累积之下，也有为数不少的植物遭遇了灭顶之灾。随着人类乱捕滥猎、乱采滥挖、破坏耕地等行为的不断增加，植物的生存空间进一步被破坏，许多物种正面临着濒危甚至灭绝的巨大灾难。

○ 植物灭绝的原因

由于人类活动、全球变暖等因素，植物正以前所未有的速度消失。据统计，每年约有1000种以上的植物从地球上消失，全世界约有30%的物种正面临威胁。如果不采取有效措施，到本世纪末，将有大约70%以上的植物从地球上永远消失。

英国皇家植物园科学团队发布的报告指出，自1750年以来，人类对自然的破坏已经造成571种植物灭绝。科学家表示，植物灭绝的速度比自然预期的要快500倍，实际上可能更多。这对所有物种来说都是一个巨大的坏消息。

导致植物灭绝的原因是多种多样的，除了对地球造成毁灭性打击的大灭绝事件外，还有诸多因素会造成植物物种的彻底消失。

生存环境的破坏和改变。植物的生存环境被破坏会对植物造成灭绝性危机，如海平面上升、行星撞击、地质作用、极端天气、磁场逆转等，都会对植物生存构成威胁。

环境污染。水质污染、大量使用高毒高残留农药等，都可能导致物种灭绝。

外来物种入侵。外来物种可能与本土植物抢夺栖息地和食物，甚至带来某些本土物种无法抵御的疾病，导致物种濒临灭绝。

气候变化。气候的突然变化可能导致植物无法快速适应，从而导

地球的五次生命大灭绝不仅导致了动物的大规模消失，植物也大量灭亡。

致灭绝。

病毒瘟疫。如物种竞争、寄生生物、致病病毒等，都可能损害植物寄主的正常生理功能，导致体发育不良或死亡。

人类活动。滥砍滥伐、掠夺性开发、过量使用化学原料等，都可能导致植物物种的灭绝。

○ 几种早已灭绝的植物

• 种子蕨

在泥盆纪晚期，一种从裸子植物群中演化出的乔木状植物诞生了。因为这种乔木状的植物有种子，所以被称为种子蕨。它们广泛生活在三叠纪和侏罗纪时期，大约在白垩纪灭绝。

• 本内苏铁

苏铁纲的一目，起源于髓木类种子蕨植物，是一种生活在三叠纪的植物，于渐新世绝灭。

• 罗盘草

罗盘草是人类历史上第一个被记录的“灭绝植物”。它在古罗马时期是堕胎和引产的神药，还带有特别的香味，是古人最喜欢的名贵香料之一。自从公元前1世纪灭绝以来，这种植物便只存在于人类的记载和记忆中了。

罗盘草是古罗马时期的一种名贵香料。

• 野生伍德苏铁

这是世界上最稀有的植物之一，野生的伍德苏铁在1994年已经灭亡。虽然最后一株伍德苏铁已经被移植到植物园，但它是一种雌雄异株植物，而植物园中所有现存的伍德苏铁都是雄性的，所以这种植物相当于已经功能性灭绝。

• 薄氏辽宁枝

一种古老的松柏类的植物，生长在侏罗纪晚期，是热河生物群的重要植物之一。

• 辽宁古果

古果科植物，生存在距今1亿多年前的中生代，比以往发现的被子植物早1500万年，是公认的、迄今最早的被子植物。

辽宁古果被国际古生物学界认为是迄今最早的被子植物。

○ 植物界的活化石——“超长待机”的古老植物

• 珙桐

珙桐又名水梨子、鸽子树，是一种落叶乔木，有“植物活化石”之称。它是1000万年前新生代第三纪留下的孑遗植物。在第四纪冰川时期，地球上大部分的珙桐都相继灭绝，只有中国中西部偏僻的山区少量幸存，属于国家一级重点保护植物中的珍品。

珙桐是一种落叶乔木，花朵形似鸽子，是中国特有的珍稀植物。

- **中国崖柏**

崖柏的存在时间可以追溯到3亿年前，在恐龙时代的白垩纪就已经有这种植物存在。由于它们通常生长在悬崖峭壁上，因而得名。

- **百岁兰**

百岁兰是裸子植物门百岁兰科的唯一种类，与恐龙生活在同一个时代，是植物界的活化石。在经历了地球多年的气候、地质的变化后，与百岁兰同时期的大部分植物已经灭绝，只有一小部分存活下来。

- **苔藓**

苔藓是世界上最古老的植物，其祖先生活在大约4.7亿年前。由于苔藓柔软、易碎的特性，目前世界上完整保留下的苔藓化石非常少。从目前已知的信息来看，最早的苔藓化石来自于石炭纪时期，但实际上苔藓出现的时间可能比这个早得多。

- **羊角槭**

羊角槭是槭树科槭属下的一种树木，它是落叶乔木，树干挺拔，树形奇特。它主要分布于中国浙江省，是中国特有的古老孑遗植物。作为古老的残存物种，羊角槭对研究植物地理学和古植物学具有非凡的意义。然而羊角槭种子的不孕率较高，天然更新能力很弱，已经面临着灭绝的危险。

• 潘多树林

潘多是由一株雄性颤杨无性繁殖出的一整片树林的名字，根系相互连接，且拥有相同DNA。这棵树占地面积超过40万平方米，重量估计超过6613吨。据估算，它可能已经活了1万多年，现存活于美国犹他州鱼湖国家森林公园。

• 朱鲁帕橡树

朱鲁帕橡树源自冰河时代末期，已有1.3万年的历史，是世界上最古老的植物物种。这些植物无法生长出橡子果实，基本上是“不育植物”。科学家推断，它们很可能是通过无性繁殖的方式进化的。

• 桫椤

桫椤是现存唯一的木本蕨类植物，被众多国家列为一级保护植物的濒危物种。它出现的时间比恐龙还要早1.5亿年，所以它又有“活化石”之称，还有“蕨类植物之王”的美誉。

• 水杉

水杉是一种扁平状的落叶乔木，主要生长在中生代白垩纪和新生代。水杉是史前遗留下来的珍贵稀有的孑遗植物树种之一，被称为“植物里的活恐龙”。

潘多是由一株雄性颤杨无性繁殖出的一整片树林，可能已经存活了1万多年。

• 银杏

银杏是史前银杏类植物在地球上存活的唯一品种，最早出现于3.45亿年前的石炭纪，因此被誉为“世界第一活化石”“植物界的大熊猫”。200多万年前，随着冰川活动加剧，地球突然变冷，绝大多数银杏类植物在世界其他地区灭绝，只有中国部分地区还有存活。

5. 濒危植物：植物里的“绿色大熊猫”

○ 地球的“第六次大灭绝”

地球迄今已经经历了五次生物大灭绝。然而这五次大灭绝都是由于外部环境因素的变化而导致的，比如陨石撞击、火山喷发、气候变化等。

生物大灭绝是目前地球上最严重的物种消失现象，这种现象不仅仅涉及森林、河流等自然生态的丧失，还会对人类经济和社会发展造成深远的影响。

随着近些年来人类对自然的大规模开发、破坏和污染，生物系统被大肆破坏，生物物种的灭绝速度明显加快。自从人类出现，特别是工业革命以后，人类为了自身利益，对环境肆意开发破坏，从而忽视了生物多样性的潜在价值，地球生命系统遭到了空前绝后的打击。自1600年以来，有记录的高等动物和植物已灭绝724种，实际上灭绝的数量远比记录的更高。仅仅20世纪，就已有200万个物种实际灭绝。

越来越多的研究数据表明，地球或许已经进入了“第六次生物大灭绝”时期。科学家发出警告，生物的灭亡和减少正是地球第六次生物大灭绝的直接证据，灭绝原因与人类行为密切相关。

❍ 濒危物种红色名录

为了维持生物的多样性、保护地球物种，世界自然保护联盟（IUCN）制定了一系列措施，为充满环境压力和发展挑战的物种生存寻找务实的解决方案。

1963年，世界自然保护联盟开始编制《世界自然保护联盟濒危物种红色名录》。它是全球动植物物种保护现状最全面的名录，也是全球生物多样性状况最具权威的指标。截至2021年，这本名录评估的物种已经达到138374个，其中38543个物种“面临不同程度的灭绝危险”，占比接近28%。

按照名录，物种保护级别被分为9类。根据数目减少速度、物种总数、地理分布、群族分散程度等方面进行等级分类，最高级别是灭绝，其次是野外灭绝，然后是极危、濒危、易危三个级别（统称为“受威胁”），最后是近危、无危、数据缺乏、未评估。

❍ 几种珍稀的濒危植物

濒危植物，是指由于环境的变化而面临灭绝危机的植物。植物濒危的原因非常复杂，除了不可抗力等因素外，人类的过度开采、气候变暖和外来入侵物种的蔓延等外部因素，也是植物物种走向濒危之路的主要原因。

中国是野生植物种类最丰富的国家之一，仅高等植物就达3.6万余种，其中特有物种高达1.5~1.8万种，占中国高等植物总数的50%，如银杉、珙桐、百山祖冷杉、华盖木等均为中国特有的珍稀濒危野生植物。

• 广西火桐

广西火桐的树干高度可达到10米，树皮呈灰白色，小枝光滑无毛。叶子呈广卵形或近圆形，裂片边缘呈楔状短渐尖，叶脉腋间密布着淡黄褐色的星状短柔毛。它们会在每年六月开花，花朵为橙红色，仿佛燃烧的火焰，极具观赏价值。

广西火桐是中国广西地区独有的特种植物，目前世界仅剩下三株野生广西火桐。它是中国国家一级保护野生植物，在《世界自然保护联盟濒危物种红色名录》中评级为“极危”。

广西火桐的花朵犹如燃烧的橙色火焰，非常漂亮。

- **普陀鹅耳枥**

普陀鹅耳枥属于中国特有的珍稀植物，被发现时全世界仅存一株，被誉为“植物界的大熊猫”，还有“世界独子”之称。这株野生普陀鹅耳枥树高约达13.5米，树冠茂盛，遮阴面积可达72平方米，树龄约为250年。

小揭秘

经过技术繁育，科学家已成功培育出普陀鹅耳枥树苗，使其暂时免于灭绝的危险。2011年9月29日，中国发射的“天宫一号”目标飞行器，飞行器里搭载了四种中国特有树种，其中就包括普陀鹅耳枥。

• 华盖木

华盖木是一种高大的常青乔木，可以长到40米，分布在云南部分地区的沟谷潮湿山地。

华盖木起源于大约1.4亿年前，是木兰科中最古老的单属种植物之一。因其分布范围狭窄且数量稀少，目前仅存有7株大树，属于国家一级保护植物。2022年4月13日，人工繁育的华盖木首次绽放花朵，这标志着华盖木的人工繁育工作取得重大进步。

• 膝柄木

膝柄木属于卫矛科，是一种半常绿乔木，也是该科植物中分布最北的一个种类。它曾经在《世界自然保护联盟濒危物种红色名录》中被列为“极危”。在中国的积极保护和人工干预之下，人工培育的膝柄木终于实现了野外回归，目前已经降级为“无危”，避免了灭绝的命运。

• 百山祖冷杉

百山祖冷杉是松科冷杉属的一种树木，是世界上最濒危的植物之一，被发现时野外仅存3株，是不折不扣的“植物界大熊猫”。百山祖冷杉是中国特有的古老孑遗植物，历史悠久，具有重大的科研价值。经过多年保护，百山祖冷杉目前已野外回归4000多株。

6. 植物中的“世界之最”

世界上的植物多种多样，每一种植物的大小、形状、价值、果实、生长习性、特有技能都不尽相同。丰富的植物种类创造了地球赖以生存的基础，还出现了许多有意思的“世界之最”。

• 世界上最高的树——王桉

王桉是桃金娘科植物，原产于澳大利亚南部。这种树长得非常高大，一般可达70~110米。最大的一棵高约152米，相当于50层楼的高度，被誉为“世界上最高的树”。

王桉是一种生长速度非常快的植物，每年都可以长高1~2米。它对水分的需求也非常高，还有“地球抽水机”的戏称。因为它的这一特性，人类多会将它栽种在沼泽旁，用来开垦新的土地。随着沼泽的消失，蚊子失去了赖以生存的环境，因而阻止了疟疾的传播，因此它在当地还被称为“防疟树”。

小揭秘

1882年以前，王桉一直被当作杏仁桉的变种而存在。中国自1890年开始引进王桉，由于当时信息交流不够及时，所以一直沿用“杏仁桉”这个树名。实际上杏仁桉与王桉虽然都属于桃金娘科植物，但二者其实区别很大，最明显的莫过于杏仁桉通常只有15~40米，而王桉多数能长到70米以上。

- 世界上最矮的树——矮柳

矮柳属于杨柳科柳属，生长在高山冻土带。它的茎匍匐在地面上，抽出枝条，长出像杨柳一样的花序，高不过5厘米，被誉为“世界上最矮的树”。矮柳生长在空气稀薄的高山地带，风力强劲，唯有矮小植物才能适应这种极端的生存环境。

- 世界上最粗的树——百骑大栗树

百骑大栗树，又叫百马树，生长在地中海西西里岛，树干直径可达17.5米，周长有55米。它不仅是世界上最粗的树木，也是最粗的植物。

相传西西里岛国王有一次带领百骑人马到埃特纳火山游玩，忽然天下大雨，百骑人马连忙躲避到一棵大栗树下，正好可以遮住雨。因此，国王把这棵树命名为“百骑大栗树”。

• 世界上最毒的树——见血封喉

见血封喉又名箭毒木，是一种高大常绿乔木。它的汁液洁白，却奇毒无比。当地人用这种毒汁制造武器，抵御外来入侵者和捕猎野兽。由于它的毒性过于强烈，因此又被人称为“死亡之树”。

见血封喉又被称作“死亡之树”。

• 叶片最大的植物——白星海芋

白星海芋属于天南星科海芋属，生长在婆罗洲的热带雨林中。它的叶片可算是世界上最大、最完整的叶片，叶片的表面积可达3平方米。白星海芋会释放出一种难闻的腐肉味道，这种气味可以吸引雌性大苍蝇为其传粉。

• 世界上最擅长伪装的植物——生石花

生石花生活在非洲南部，无茎，花朵大，表皮很硬，外形酷似石头，喜欢生长在疏松透气的沙壤之中，几乎可以与石头以假乱真。生石花也因其能与动物媲美的拟态能力，被誉为“最擅长伪装的植物”。

生石花因长相酷似石头而得名。

• 世界上体积最大的植物——巨杉

巨杉是柏科巨杉属常绿巨乔木，树干粗大挺直，抗腐蚀能力强，还能防火。美国加利福尼亚州的美国水杉国家公园死亡谷西侧。生长着一棵巨杉，名为雪曼将军树，树龄已有3500年，高83.8米，底部最大直径达11.1米，是世界公认的体积最大的树，还被列入“吉尼斯纪录”。

美国水杉国家公园中，一个旅行者站在雪曼将军树面前。

• 木材最轻的树——巴沙木

巴沙木四季常青，树干高大，生长在美洲热带森林，是生长最快的树木之一。巴沙木的木材每立方厘米只有0.1克重，是同体积水的重量的十分之一。不过，巴沙木的木材质量虽然轻，却很牢固。因为这一特质，它在古代被人类用来制造木筏或者瓶塞，现在它已成为航空、航海以及其他特种工艺的宝贵材料。

• 世界上最硬的植物——铁桦树

铁桦树属于桦木科桦木属，又叫赛黑桦。它的木质坚硬，是世界上最硬的木材。苏联曾经用铁桦树制造滚球、轴承和快艇。由于质地极为细密，铁桦树一入水便会下沉，即使长时间浸泡，内部仍能保持干燥，是用途非常广泛的植物。

- **世界上树冠最大的树——孟加拉榕树**

孟加拉榕树是世界上树冠最大的树，其树冠的投影面积可达1万平方米，可容纳千余人乘凉，还能搭台表演文艺节目。孟加拉榕树不但枝叶茂密，而且树枝还能向下生根，这叫“气根”。气根扎入土中，起着吸收养分和支持树枝的作用。一棵榕树最多可拥有4000多根气根，从远处望去，像是一片树林。

孟加拉榕树的树枝能向下生长，并重新扎根土壤，形成“独木成林”的奇观。

• 世界上精子最大的生物——苏铁

苏铁的精子是所有生物中体积最大的，长达0.3毫米，肉眼便可以窥见。其精子形状如同陀螺一样，前端生着众多鞭毛，能够在花粉管的液体内自由游动。当它与雌花中的卵子相遇后，即结合发育成胚胎，完成受精的使命。

• 世界上有记载的最古老的树——狐尾松

狐尾松是一种中等高度的松树，最高可达16米。它的木材密度极高，且含有大量树脂物质，能抵抗病虫害的侵蚀，是世界公认的最长寿的树木。1963年，美国内华达州的惠勒山上砍下了一棵名为“普罗米修斯”的狐尾松。虽然它有4867个年轮，但这棵树的生长环境过于恶劣，减缓了它的生长速度，所以它的实际年龄大约在5200岁，这也是吉尼斯世界纪录中最古老的树。

• 世界上最诡异的树——龙血树

龙血树有高大的树干和扁平的革质叶。它的外观非常奇特怪异，枝叶上翘，形成一个倒伞形状的树冠。当龙血树受到伤害时，它会流出浓稠鲜红的汁液，如动物的血浆一般。在传说中，它被认为是龙血。

龙血树在受伤时会分泌出鲜红色的汁液，看上去就像在流血。

• 世界上最短命的种子植物——短命菊

世界上寿命最短的植物要属生长在沙漠中的短命菊，寿命只有不到一个月。沙漠长期干旱，短命菊的种子在雨水丰盈之时便会生长、发芽，在大旱之前完成播种繁殖，生命周期极其短暂。有趣的是，短命菊的花对湿度极其敏感，空气干燥时就会闭合起来，稍稍湿润时就迅速开放、快速结果。